KB268813

할머니의
꽤 괜찮은 육아

할머니의 꽤 괜찮은 육아

할머니, 엄마, 아이 모두가 행복해지는 시간

김신숙 지음

할머니와
엄마가
함께 읽는
자녀교육
필독서

예담

차 례

내가
할머니가 되다니……

딸아이가 결혼해 예쁜 딸을 낳았습니다. 저에게 첫 손주가 생긴 것이지요. 그때 제 나이가 마흔여덟이었습니다. 다른 사람들에 비해 꽤 이른 나이에 할머니가 되었습니다. 이렇게 빨리 할머니가 된 데에는 이유가 있습니다. 제가 20대 중반에 낳은 딸 혜림이가 스물한 살에 결혼을 했고 바로 그 이듬해에 송이를 낳았기 때문입니다.

사실 할머니가 된다는 사실 앞에 서글픈 마음이 없지는 않았습니다.

'할머니라니, 내가 벌써 할머니라니.'

할머니라는 단어에는 '늙었다'라는 이미지가 따라붙어서인지 실제 나이와 상관없이 진짜 노인이 되어버린 것 같았습니다. 아주 오래전부터 언젠가는 내가 할머니가 될 날이 올 것을 알고는 있었지요. 내 아이들이 아이를 낳으면 자연스럽게 할머니가 될 수밖에 없으니까요. 다만 누가 봐도 할머니가 될 나이일 때 그렇게 되리라 생각하고 있었습니다. 때문에 '아직 젊은데, 할머니 같은 외모를 가진 것도 아닌데 할머니라니' 등의 생각이 어쩔 수 없이 들었지요.

그런데 이런 생각도 들었습니다.

'내가 진짜 늙었다고 생각되었을 때 손녀를 보게 되었더라면 지금보다 덜 억울했을까.'

어쩌면 그럴지도 모르겠습니다. 노인이 된 후에 손녀를 보는 건 중년의 나이에 손녀를 보는 것보다 훨씬 자연스러운 일일 테니까요. 하지만 세월에 등 떠밀리듯 늙어버렸다는 그 사실 때문에 서글픈 마음이 드는 건 마찬가지일 것입니다. 중년이든 노년이든 늙어간다는 건 왠지 모를 서글픔을 가져다주기 마련이니까요. 그러니 진짜 할머니가 될 나이가 되었다고 해도 손주를 보는 게 마냥 기쁘기만 할까, 싶기도 합니다. 손주가 생겼다는 건 내가 그만큼 나이를 먹었다는 것을 의미하고, 나도 모르는 사이에 어느새 늙어버렸음을 새삼스레 가르쳐주는 일이기도 하니까요.

천사처럼 예쁜 송이가 태어나기 전까지는 이런저런 생각에 밤잠을 설치기도 했습니다. 늙음, 노인, 할머니 같은 단어들을 떠올릴 때마다 어쩐지 괴롭기도 하고 서글퍼지는 건 어쩔 수 없는 일인 것 같았습니다. 그런데, 막상 손녀 송이를 본 순간엔 '할머니'라는 타이틀 같은 건 아무래도 좋았습니다. 심지어는 하루하루 늙어가는 게 무슨 문제인가 싶기도 했습니다. 귀하고 어여쁜 생명체가 세상으로 나와 나를 보고 방실방실 웃어주는 걸요. 내 아이들이 세상에 태어날 때도 이런 기분이었죠. 내 인생에 특별한 존재가 또 하나 생겼고, 그로 인해 내 일상이 몹시 즐거워질 거라는 것도 이미 알고 있었습니다.

딸 부부는 신혼살림을 우리 집에서 차렸습니다. 딸은 대학생이었고 사위는 대학원생이라 독립할 상황이 아니었죠. 저는 송이가 태어나기까지의 모든 과정을 바로 옆에서 지켜볼 수 있었습니다.

이제 막 세상으로 나온 작고 귀여운 아이에게 이름을 지어주는 일만큼 중요한 일이 또 어디 있을까요. 아주 오랫동안 고민을 했습니다. 그렇게 고민을 하다가 하나님의 은혜를 늘 찬송하라는 뜻으로 아이의 이름을 '은송'이라고 성경책 뒤에 적어두었습니다. 송이가 태어나기 한 달 전에 이미 이름을 지어둔 것이죠. 이 이름말고도 여러 이름 후보가 있었지만, 모두의 마음을 담아 결국 이 이름으로 결정했습니다.

여기에 최은송, 이 아이를 돌보며 배우고 느끼고 경험한 것을 풀어놓을 생각입니다. 아이를 키우는 엄마들과 손주를 돌보는 할머니들에게 제 경험이 도움이 되길 바라면서 이 책을 썼습니다. 송이는 저를 젊은 나이에 할머니로 만들어준 아이의 이름입니다. 또한 제게 아이를 키우는 기쁨을 다시 준 이름이기도 합니다.

아이에게 가장 좋은 양분은 뭐니 뭐니 해도 어른들이 주는 사랑이겠지요. 그리고 그 사랑은 마음껏 표현을 해주어야 알 수 있습니다. 아이야, 할머니는 네가 태어나서 정말 기쁘구나, 이렇게요. 매일매일 아이에게 엄마의 마음을 전해주세요. 아무리 말을 못하는 갓난아이라도 엄마의 말은 알아듣고 기억할 수 있습니다.

소중하고 특별한 시간을, 다시 오지 않을 시간을 최선을 다해 만끽하

시기 바랍니다. 아이들과 함께 보내는 시간은 우리 인생에서 다시 없을 빛나는 시간입니다.

그 시간을 놓치고 후회하는 일이 없기를 바라면서…….

.1.

할머니의
쩨 괜찮은 육아,
함께 시작해요

어떻게 키워야 잘 키우는 걸까요?

송이가 태어났을 때 송이의 엄마 아빠는 공부하는 학생이었습니다. 당연히 육아를 걱정할 수밖에 없는 상황이었지요. 하지만 딸은 내게 무턱대고 송이의 양육을 부탁하지 않았습니다. 엄마에게도 엄마의 인생이 있다는 걸 충분히 이해하고 있었기 때문이죠. 그리고 이제야 양육에서 벗어나 자유로워진 엄마의 시간을 손주 양육으로 빼앗고 싶지 않았을 겁니다. 사실 손주를 돌보기 시작하면 친구들과의 모임을 예전처럼 가질 수 없을 겁니다. 또한, 나 혼자만의 시간을 가지기도 힘들겠지요. 하지만 딸의 상황을 못 본 척할 수가 없었습니다. 아무리 누군가의 엄마가 되었어도 혜림이는 여전히 저에겐 어린 딸이었고, 무한한 가능성을 지닌 학생이었습니다. 아이의 양육 때문에 때가 있는 공부를 놓치는 게 엄마의 입장에서는 많이 안타까웠죠. 그래서 제가 먼저 딸에게 권했습니다.

"송이 엄마야, 내가 송이를 돌볼 테니 아무 걱정하지 말고 공부에만 열중해라."

딸은 미안한 마음을 감추지 못했습니다. 하지만 제가 송이를 돌보는 것 이외의 다른 방법을 찾지 못했지요. 아마도 많은 엄마들이 이런 고민을 할 겁니다. 예전만 해도 할아버지 할머니와 함께 사는 가정이 더 많았습니다. 엄마가 일하는 동안에는 다른 가족이 아이를 돌보기도 했고, 엄마가 옆에 있어도 함께 놀아주기도 했지요. 또, 오늘날처럼 엄마들이 일을 하거나 공부를 하는 경우도 드물어 다른 식구에게 맡길 것도 없이 본인이 직접 아이를 양육하는 것이 당연했습니다. 하지만 오늘날엔 젊은 부부 단둘이 사는 경우가 많아졌고, 그만큼 맞벌이 부부도 늘어난 추세라고 합니다. 육아 걱정을 하는 사람이 많을 수밖에 없겠지요. 남의 손에 맡기자니 안심이 안 되고, 할머니나 외할머니에게 맡기자니 몹시 미안하고……. 또 아이는 아이대로 엄마 품을 그리워하고…….

젊은 부부들의 현실이 녹록치 않은 것 같아 마음이 편하지 않았습니다. 하물며 제 딸의 일인데 제가 어떻게 뒷짐만 지고 있을 수 있겠습니까. 제 마음은 그랬습니다. 하지만 제 친구들은 딸이나 손녀의 입장보다는 제 입장을 먼저 생각해주었고, 그러다 보니 딸은 당연히 이런저런 걱정이 드는 모양이었습니다. 제 친구들은 또 이렇게 말했습니다.

"괜찮을까? 아기를 돌보면 네 시간은 없어져."

"애들 다 키우고 쉴 만하니까 손녀냐?"

"옛날부터 그런 말도 있잖아. 손자 손녀 키운 공은 없다고."

그러니 함부로 손녀 맡을 생각하지 말고 육아를 전문으로 하는 사람을 고용하는 것이 차라리 낫지 않겠느냐고 의견을 주었습니다. 게다가 일을 놓으면 빨리 늙는다고 만류까지 했습니다. 그때만 해도 저는 교회 일을 맡아 분주하게 시간을 보내고 있었거든요.

딸은 내 분신이고, 송이는 딸의 분신입니다. 무언가를 바라고 자식을 키우는 부모는 없을 것입니다. 부모가 아무리 애지중지 키워도 어른이 된 아이는 부모의 품을 벗어나기 마련입니다. 자기 삶을 찾아 떠나는 건 아주 당연한 일이지요. 저 역시 제 부모님에게 그런 자식이었습니다. 하지만 부모님은 저로 인해 많은 즐거움을 누리셨다고 합니다. 저 역시 아이들을 키우며 그러한 즐거움을 맛본 경험이 있습니다. 자식의 재롱을 보고, 자식이 성장해가는 것을 지켜보는 건 세상의 그 어떤 즐거움과도 비교할 수가 없습니다. 때문에 손녀 송이를 키우겠다고 나설 때에도 내 딸을 위해 희생하겠다는 마음만 있었던 건 아닙니다. 앞으로 누리게 될 즐거움을 미루어 짐작하고는 기대감에 차 있었지요. 그리고 이런 바람도 있었습니다.

'이왕이면 우리 송이에게 꼭 필요한 할머니가 되고 싶다.'

사실 아이에게 좋은 할머니가 되는 건 그다지 어렵지 않습니다. 옛날 우리 할머니, 어머니, 그리고 제가 그랬듯 아이에게 사랑을 듬뿍 주고, 또 그것을 충분히 느끼게 하면 됩니다. 앞에서도 말했듯 보여주기만 하는 사랑이 아니라 솔직하게 표현을 해주면서 말이죠. 하지만 필요한 할머니가 되는 건 사랑을 주는 할머니와는 또 다르지요. 제가 생각한 필요한 할머니는 손녀의 교육에도 도움이 되는 할머니입니다. 사랑만 주는 할머니가 아니라 무언인가를 가르쳐줄 수 있는 선생님 같은 할머니입니다. 하지만 시대는 변했고 많은 것이 달라졌습니다. 예전에 아이를 키운 경험만 가지고 요즘 시대에 필요한 할머니가 되기는 무척 힘들어졌습니다. 게다가 저는 젊은 엄마들과 친분 관계도 없어 아이 교육 정보에 대해서도 무지했습니다.

"이런 내가 송이를 잘 키울 수 있을까?"

적잖이 고민이 되었습니다.

배우면서 가르쳐요

당연한 말이지만 처음부터 모든 것을 잘하는 사람은 없을 겁니다. 양육도 마찬가지입니다. 부모가 되기는 쉬워도 좋은 부모가 되기는 어렵지요. 좋은 부모가 되는 데에도 노력이 필요합니다. 하물며 아이의 교육에 주도적인 역할을 하자니 이것저것 알아야 할 것이 더 많아졌습니다. 일단 교육 정보부터 시작해 교수법까지 어느 정도는 익혀야 했지요.

'내가 먼저 배워야겠다.'

저는 이런 결심을 했습니다. 아는 것만큼 가르칠 수 있고, 보이는 것만큼 길을 인도할 수 있기 때문이죠. 엄마가 모르는 것은 아이도 모르고 엄마가 아는 것은 아이도 알게 됩니다. 할머니인 저도 마찬가지입니다. 송이를 가르치고 싶다면 제가 먼저 알아야 하겠지요. 하지만 어디서 어떻게 시작해야 할지 막연했습니다. 그때 딸이 육아 잡지를 구해주었습니다. 육아 잡지에는 최신 육아 정보부터 시작해 유아 교육에 관한 이야기들이 많습니다. 그중에서 유아 영어에 관한 이야기가 눈에 띄었습니다. 유아 때부터 익히는 영어는 아이의 지능을 개발하는 데에도 좋을뿐더러 자연스럽게 영어를 습득할 수 있는 장점이 많다고 했습니다.

"아, 이거다!"

저는 송이가 나중에 영어 때문에 스트레스를 받는 일이 없도록 하고 싶었습니다. 제가 조금만 신경을 쓴다면 충분히 그렇게 할 수 있으리라 믿었지요. 그런 믿음이 틀리지 않아 송이는 영어를 잘하는 아이로 자랐습니다. 누군가는 송이를 비싼 영어 학원에 보냈을 거라고 생각할 수도 있고, 또 누군가는 할머니가 원래 영어를 잘해서 그런 게 아닌가 하고 생각할 수도 있습니다. 결론부터 말하자면 송이는 영어 학원에 다닌 적이 없습니다. 그리고 저는 영어라고 하면 고등학교에서 배운 공부가 다입니다. 그런 제가 송이에게 영어를 가르쳐보기로 결심을 했던 것이죠.

솔직히 말하면 '기껏 아기들 영어인데 내가 못할 건 뭐야'라는 생각도 있었습니다. 고등학교를 졸업한 후 영어책은 한 번도 펼쳐본 적이 없지만 기본 단어는 다 알고 있다고 자신만만해 있었습니다.

일단 육아 잡지에서 소개한 영어책들을 구입했지요. 유아 영어책이니 문장보다는 그림이 훨씬 많았습니다. 그냥 딱 보기에도 굉장히 쉬워 보였지요. 그런데 막상 읽으려고 하니 가장 쉬운 단어도 읽을 수가 없었습니다. 뜻을 모르는 단어들도 눈에 띄었고요. 그제야 저는 제 영어 실력을 너무 과대평가했다는 걸 깨달았습니다. 그렇지만 포기할 수는 없었죠.

아이를 가르치기 위해선 내가 먼저 배워야겠다는 결심을 하고 영어를 공부했습니다. 일단 영어 사전부터 찾았습니다. 35년 만이었죠. 모르는 단어들은 모두 다 찾아 발음과 뜻을 기입했습니다. 어떤 날은 밤을 새기도 했습니다. 그런데 신기하게도 하나도 힘들지 않았습니다. 오히려 뒤늦게 영어를 공부하는 재미가 만만치 않았습니다. 처음엔 송이를 위해 시작한 공부였지만 하다 보니 저 자신을 위한 공부가 되었습니다. 마치 여고 시절로 돌아간 것 같은 즐거움까지 누렸습니다.

그러니까 저는 송이에게 영어를 가르치기 위해 공부를 시작했지만 결국 송이와 함께 영어를 배워나간 셈입니다. 배우면서 가르치는 건 아이뿐 아니라 어른도 바람직하게 시간을 보내는 방법인 것을 그제야 깨달았습니다.

어떤 사람들은 아이가 아직 어린데 영어 공부까지 시켜야 하냐고 반문합니다. 억지로 시키는 공부라면 저도 굳이 할 필요가 없다고 생각합니다. 억지로 시킨다고 아이가 공부를 하는 것은 아니니까요. 그리고 억지로 시키면 오히려 역효과만 납니다. 유아 때 시작하는 영어는 그저 함께 놀아주면 됩니다. 가르쳐준다는 생각은 아예 하지 않았습니다. 이를테면, 영어 테이프를 듣고 공부를 하는 것이 아니라 영어 테이프를 들으며 노는 것이죠. 영어 동요의 경우엔 아이도 재미있어하니까요. 영어책의 경우에도 그림을 보며 노는 것입니다. 그렇게 함께 노니 어느새 공부에 탄력이 붙어 아이가 스스로 공부할 거리를 찾게 되더라고요. 궁금한 것이 많아지니 질문도 많아지고 질문이 많아지니 아는 것도 많아졌습니다. 그렇게 5년이 지나고 나니 송이의 영어 실력은 정말 송이의 키만큼이나 쑥쑥 자라 있었습니다.

할머니라서
아쉬운 점이 있다고요?

아이가 가장 많은 시간을 보내는 사람은 아무래도 엄마입니다. 엄마는 아이가 가장 처음 만나는 친구이며, 가장 처음 접하게 되는 선생님입니다. 또한, 세상으로 나아가는 통로가 되어주는 사람이기도 합니다. 할머니 양육에서도 별반 다를 것은 없습니다. 아이를 키우는 사람이 아이와 가장 많은 시간을 보내게 되니까요. 하지만 할머니이기 때문에 아쉬운 점도 있습니다. 제가 가장 아쉬워했던 점은 송이에게 또래의 친구를 많이 만들어주지 못한 것입니다.

제가 아이를 키울 때만 해도 우리 딸은 저를 통해 또래의 친구를 사귈 수 있었습니다. 내 친구들의 아이가 곧 딸의 친구가 되었으니까요. 반대로 딸의 친구들 덕분에 저도 친구를 사귀기도 했지요. 친한 아이들의 엄마끼리 친분을 맺곤 했으니까요. 엄마끼리의 친분은 여러 측면에서 많은 장점이 있었습니다. 교육에 대한 정보를 교환할 수도 있고 서로의 고충을 토로하며 위안을 주고받을 수도 있었지요.

하지만 저는 송이의 할머니입니다. 더군다나 이른 나이에 할머니가 되었기에 저처럼 손녀를 키우는 친구들도 없었지요. 제 친구들도 손녀가 있었다면 그들을 만날 때마다 송이도 자연스럽게 친구를 사귈 수 있었을 겁니다. 하지만 그렇지 못했기에 송이는 저와 단둘이 지내는 시간이 많을 수밖에 없었습니다. 그게 저는 늘 미안했습니다. 아이에게 친구를 만들어주면 좋을 텐데, 내가 그런 다리 역할까지 해주면 얼마나 좋을까 하는 생각에 늘 아쉬웠었죠.

그러던 중 우리 아파트 위층에 송이 또래의 아이가 한 명 있는 걸 알게되었습니다. 어찌나 반가웠던지 송이를 데리고 위층에 놀러 갔습니다. 그런데 생각지도 못한 어려움이 있었습니다.

위층 엄마는 제가 자신보다 나이도 많은 데다 송이의 할머니라는 걸알고 어른 대접을 해주었습니다. 어른들끼리 이런저런 이야기를 나누고, 아이들끼리 놀게 할 요량으로 방문한 것인데, 어른 대접을 받으니 멋쩍기도 하고 미안하기도 했습니다. 아무래도 위층 엄마 입장에서 마냥편하지는 않았을 겁니다.

게다가 그 집은 아이가 둘이었습니다. 두 집 다 한 명씩이었다면 1대1로 놀았을 테지만 아이들이 셋이다 보니 1대 2로 노는 격이 되었습니다. 그래서인지 두 형제에 치여 혼자인 송이가 양보해주는 일들이 많아보였습니다. 그런 모습을 보며 송이에게 형제가 있으면 좋았을 텐데 하는 생각도 들었습니다. 집에서는 형제끼리 곧잘 싸워도 밖에 나가면 한

편이 되어 힘을 보태고 의지하기도 하니 말입니다.

그래도 위층 엄마와의 교류는 끊이지 않고 이어졌습니다. 우리가 위층으로 올라가기도 하고 우리 집으로 그들을 초대하기도 했습니다. 시간이 지나니 어른들도 아이들도 웬만큼 친숙해졌습니다.

송이가 유치원에 가게 되자 제가 송이의 엄마가 아니라 미안한 일이 계속 생겼습니다. 이를테면 참관 수업이나 운동회 등에서 나이가 많은 제가 송이의 학부모로 참석하는 것도 미안했고, 다른 젊은 엄마들과 달리 여러 행사에서 좀 더 잘해내지 못하는 것도 미안했죠. 달리기도 하고 청백 게임도 하고, 학부모 참여 게임도 하나도 빠지지 않으려 노력을 했지만 아무래도 내 아이들을 키울 때처럼 적극적일 수가 없었습니다. 사실 송이 입장에서는 속상한 일이었을 겁니다. 다른 친구들은 젊은 엄마가 오는데 자기만 할머니가 왔으니까요. 하지만 송이는 착하게도 제가 학부모로 참석하는 것을 거부감 없이 받아들였습니다.

평소 할머니와 많은 시간을 보낸 터라 제가 유치원 행사에 가는 게 어색하지 않았을 거라 생각합니다. 하지만 그보다는 단 한 번도 무작정 할머니가 참석해 송이를 놀라게 한 적이 없기 때문에 잘 받아들인 게 아닐까 하고 생각합니다. 행사가 있기 며칠 전부터 저는 송이에게 엄마가 아닌 할머니가 행사에 갈 수밖에 없는 이유를 설명했습니다. 아이가 상황을 받아들이고 스스로 납득할 수 있는 시간을 주었던 거지요.

만약 이러한 시간을 주지 않았다면 아무리 할머니랑 친하다고 해도 아이는 자신의 상황을 쉽게 받아들이지 못했을 겁니다. 어린 아이일수록 '왜?'라는 질문이 많다는 것을 이해해야 합니다. "왜 엄마가 오지 않지?” “왜 할머니가 오는 거지?” “왜 엄마는 바쁘지?” 이러한 질문을 무시해버리면 그것이 곧 아이에겐 상처가 되어버립니다.

저는 제 아이들을 키울 때에도 아이들과의 관계에서 대화를 가장 우선시했습니다. 대화를 한다는 건 아이의 인격을 인정한다는 것입니다. 그리고 자신이 인정받는 것을 느낄 때 아이는 무작정 떼를 쓰기보다 상황을 파악하고 이해하려 노력하게 되어 있습니다. 반면, 부모이기 때문에 강요하거나 협박하는 것은 오히려 서로의 이해와 신뢰를 무너뜨리는 일이 되어버립니다.

할머니라서 아쉬운 점은 분명히 있습니다. 송이도 아쉬웠을 테지만 나 또한 아쉬운 일이 한두 가지가 아니었습니다. 하지만 할머니라 좋은 점도 분명히 있습니다. 세상 모든 일이 그렇듯 동전의 양면처럼 장단점이 있기 마련이지요. 엄마 육아와 마찬가지로 할머니 육아에도 단점과 장점은 있습니다. 문제는 ‘어떻게 단점을 줄이고 장점을 살리는 육아를 할 것인가’이겠지요.

그럼에도
격대 교육이 필요해요

격대 교육이란 조부모가 손자 손녀와 함께 생활하면서 교육하는 것을 말합니다. 예전엔 대부분의 가정이 격대 교육을 자연스럽게 할 수 있는 환경이었지요. 삼대가 한 지붕 아래에서 사는 경우가 흔했으니까요. 저도 할아버지 할머니와 함께 살았습니다. 지금에야 느끼는 바지만 부모님이 조부모님을 모셨던 것만은 아니었던 것 같습니다. 부모님의 일손이 바쁠 땐 종종 조부모님이 저희 형제들을 맡으셨지요. 덕분에 부모님께선 아이들을 맡길 곳이 없어 발을 동동 구르는 일은 없었습니다. 게다가 예절 교육 또한 자연스럽게 이루어졌습니다. 어른들을 모시는 부모님의 행동거지 하나하나가 전부 우리들에겐 본받을 일이었으니까요.

하지만 언제부터인가 삼대가 모여 사는 가정은 점차 사라지는 추세가 되었습니다. 명절에나 할아버지 할머니를 보게 되는 경우도 많아졌지요. 멀리 있는 친척보다 가까이 있는 이웃이 낫다는 말도 있듯 서로에게 정이 생기려면 자주 봐야 합니다. 하지만 1년에 몇 번 보지 않는 할아버지 할머니에게 정이 생기기란 쉬운 일은 아니지요. 그래서인지 중고등학생들은 세 명 중 한 명만이 조부모를 가족으로 생각한다는 충격적인 통계도 나왔습니다. 여성가족부의 '가족 실태조사'에서 말이죠. 이런 현실을 접하면 마음이 아픕니다. 서로 생활이 바빠지면서 가족의 범위가 점차 줄어들어버린 것이겠지요. 아빠 엄마의 사랑뿐 아니라 할아버지 할머니의 사랑까지 듬뿍 받을 수 있는 기회를 아이들에게서 빼앗고 있는 것은 아닌지, 참 아쉽습니다.

반면 '적어도 나는 우리 송이와 데면데면할 일은 없겠구나'라는 생각이 들어 안심이 되기도 합니다. 함께 보낸 시간이 많으면 많을수록 아이와의 관계는 돈독해질 수밖에 없을 테니까요. 제가 생각하는 격대 교육의 가장 큰 장점은 바로 이것이 아닌가 싶습니다. 할아버지나 할머니는 손자 손녀에게 아낌없는 사랑을 줄 수 있고, 손자 손녀는 그 정을 느끼며 클 수 있습니다. 이는 결국 가족의 범위를 넓히는 것이고 서로의 유대관계를 좀 더 굳건하게 다지는 일이라고 할 수 있지요.

두 번째 장점은 조부모 손에서 자란 아이들이 기타 육아 기관에 맡겨지는 아이들에 비해 정서적 안정감이 더 크다는 것입니다.

한 연구에 따르면 사람은 나이가 들수록 지혜로워진다고 합니다. 젊은 사람들은 문제를 해결할 때 뇌의 한쪽 부분만 사용하지만 나이가 든 사람들은 자신의 경험과 연관 지어 복합적인 사고를 하기 때문에 지혜로운 선택을 한다고 합니다. 지혜와 경험을 가진 할머니는 아이를 대할 때에도 한결 여유롭습니다. 예를 들어, 아이가 잘못을 저질렀을 때 대부분의 엄마들은 감정적으로 대응하기 십상입니다. 일단 경험이 부족하고 아이가 자신의 뜻대로 되지 않는 것에 화부터 나기 때문이라더군요. 반면 할머니는 자기 아이들을 키우면서 유사한 경험을 이미 한 터라 화를 내기보다 잘못을 한 아이의 마음을 더 세심하게 이해해줍니다. 게다가 아이란 원래 자신의 뜻대로 되는 존재가 아니라는 것도 이미 잘 알고 있지요. 그래서 화를 내기보다 먼저 다독여줍니다. 무엇이 문제이고 무엇에 화가 났는지 알아줄 때 아이의 마음도 안정을 되찾습니다.

또한 할머니는 육아 전문가입니다. 잔병치레가 많은 아이일수록 경험자의 손길이 필요한 법이지요. 이를테면 아이가 열이 나거나 아플 때 할머니는 엄마에 비해 덜 당황하고 차분하게 대처하는 능력이 뛰어납니다.

많은 맞벌이 부부들은 부모님과 전문 육아 기관을 두고 누구에게 아이를 맡기는 것이 좋을지 판단이 잘 서지 않는다고 합니다. 부모님께 맡기자니 일단 미안한 마음이 먼저 앞서기 때문이지요. 그리고 아이 교육에도 별반 도움이 되지 않을 거라는 생각도 있을 겁니다. 부모님이 옛날 육아 방식을 고수하는 나머지 아이가 뒤처지지는 않을까, 그럴 때 갈등이 생기지는 않을까 등등의 고민이 많을 겁니다. 반면 전문 육아 기관에 맡기자니 아이가 정서적으로 불안해지지는 않을까, 내가 보지 못하는 곳에서 무슨 일이라도 당하면 어떡하나 등등 여러 고민을 하게 되지요. 비용도 부담이 되고요.

각 가정마다 어른들의 성향이나 경제적 형편은 다 다릅니다. 누구에게 맡기는 것이 더 좋다고 단정 지어 말할 수 없는 이유이기도 하지요.

하지만 저는 가족 간의 유대 관계를 돈독히 해줄 뿐 아니라 아이에게 가장 중요한 정서적 안정감을 줄 수 있는 격대 교육에 손을 들어주고 싶습니다.

손주 돌봄 십계명

2012년 통계청이 발표한 조사에 의하면 약 510만 가구가 맞벌이를 하고 있으며, 맞벌이 가정의 영·유아들 중 50퍼센트가 조부모의 손에서 자라고 있다고 합니다. 양육에 있어 조부모의 역할이 점차 커지고 있는 추세지요. 하지만 이에 반해 격대 교육에 대한 사회적 인식이 부족한 게 현실이기도 합니다. 조부모가 손주를 잘 돌보기 위해서는 가족들의 도움이 절실히 필요합니다. 이를 대변하듯 충북사회서비스지원센터에서는 '손주 돌봄 십계명'을 담은 〈행복한 손주 돌봄 가이드북〉을 펴냈습니다. 그 십계명은 이렇습니다.

01 | 우리 가족은 아이의 안전을 최우선으로 돌보겠습니다.

02 | 우리 가족은 조부모–부모의 상황을 수용하고 입장을 바꾸어 생각해보겠습니다.

03 | 우리 가족은 조부모가 건강하지 않으면 내 아이도 돌볼 수 없음을 기억하겠습니다.

04 | 우리 가족은 조부모의 아이 돌봄 출퇴근 시간을 정해서 지키겠습니다.

05 | 우리 가족은 조부모의 개인 생활을 최대한 지원하겠습니다.

06 | 우리 가족은 손주를 키워주시는 조부모의 희생에 감사하겠습니다.

07 | 우리 가족은 조부모의 헌신과 희생에 대해 마음과 물질로 감사를 표현하겠습니다.

08 | 우리 가족은 솔직한 대화로 문제를 해결하겠습니다.

09 | 우리 가족은 손주 돌봄에 대한 가족회의를 하겠습니다.

10 | 우리 가족은 아이로 인해 더욱 행복해질 것입니다.

할머니는
우리 시대의 큰 자원입니다

오늘을 살아가는 부모들은 싫든 좋든 아이들의 조기교육에 엄청나게 많은 돈을 투자해야만 하는 시대에 살고 있습니다. 조기교육을 하지 않으면 왠지 내 아이만 뒤처지는 것 같고 불안해집니다. 그런 상황에서 할머니가 아이를 돌보게 될 때 불안감은 더 커지곤 하지요. 우리 어머니가, 혹은 우리 시어머니가 옛날 방식으로 내 아이를 키우는 것은 아닐까 혹은, 아이들 교육이 너무 뒤처지지는 않을까……. 부모들의 이런 걱정은 당연합니다.

　하지만 요즘 할머니들은 예전의 할머니들과는 또 달라 손주들에게 한글이나 숫자를 가르치는 분들도 많습니다. 게다가 자식을 키워본 노하우에 새로운 정보까지 더해서 프로다운 할머니가 되신 분들도 있습니다. 특히 할머니 육아는 아이들의 교육은 물론이고 인성까지도 챙길 수 있는 장점이 있습니다.

사실 어떤 교육보다 인성 교육이 중요하지요. 하지만 다른 교육처럼 그 결과가 당장 눈에 보이는 것도 아니고 학교 성적처럼 점수를 매길 수 있는 것도 아니어서 인성 교육은 소홀하게 생각하기가 쉽습니다. 삼대가 모여 사는 대가족이 많았던 예전에 아이들은 집안 어른들을 통해 자연스럽게 올바른 인성을 몸에 익힐 수가 있었습니다. 딱히 인성 교육이라는 개념을 붙이지 않아도 어른에 대한 예의범절, 사람의 도리 등을 부모님이나 조부모님을 통해 습득할 수 있었지요. 아이들의 인성에 가장 큰 영향을 주는 것은 아이와 가장 가까이에 있는 어른들이었으니까요.

올바른 인성의 바탕에는 안정감이 있습니다. 아이가 자신이 얼마나 사랑받는 존재인지를 충분히 느낄 수 있어야 합니다. 자기 자신을 사랑하고 존중할 줄 아는 사람이 타인을 사랑하고 존중할 수 있는 것이니까요. 특히 인성 교육은 산수처럼 머리로 계산해 행동하는 것이 아니라 마음에서 우러나와 자연스럽게 행동할 수 있게 하는 것이라 정서적 안정감을 바탕에 깔아주는 일이 선행되어야 합니다.

부모가 맞벌이나 그 외의 이유로 함께 보내는 시간이 많지 않더라도 불안함을 느끼지 않도록 신경 써야 합니다. 이러한 정서적 안정감은 임금을 지불하는 육아 도우미에게는 기대하기 어려운 감정이지요. 게다가 육아 도우미가 자주 바뀌게 되면 아이는 낯선 사람과 익숙해지기까지 불안하고 힘든 과정을 자주 경험해야 됩니다. 할머니는 육아 도우미가 줄 수 없는 사랑을 아이에게 주면서 꾸준하게 아이의 정서를 책임질 수 있는 사람입니다. 부모의 빈자리에서 아이가 상실감을 느끼지 않도록 도움을 줄 수 있는 것도 할머니지요. 저는 특히 이러한 부분에 신경을 많이 썼습니다. 많은 시간을 보내지 못해도 엄마나 아빠가 얼마나 많이 송이를 사랑하는지, 할머니인 제가 또 얼마나 송이를 사랑하는지를 충분히 납득시켰지요.

올바른 인성은 하루아침에 만들어지는 게 아닙니다. 또한, 한번 정해진 인성은 쉽게 바꿀 수도 없지요. 우리 아이들이 올바른 인성을 가지고 커야 더 건강한 사회가 되지 않을까 하고 생각해봅니다. 이런 측면에서 봐도 할머니는 우리 사회의 큰 자원입니다. 할머니가 있기 때문에 맞벌이 부부는 각자 자신의 일에서 큰 성취를 이룰 수가 있습니다.

저 또한 처음에는 손녀 돌보기 때문에 내 노후가 발목 잡혔다는 생각이 들었습니다. 하지만 좀 더 적극적인 관점에서 바라보니 아이를 키우면서 이제까지 느끼지 못했던 열정과 에너지를 맛볼 수 있을 것 같았습니다. 할머니들도 생각의 전환이 필요합니다. 어쩔 수 없이 아이를 돌보는 것이 아니라 아이를 통해 무엇인가를 이루어낼 수 있다고 생각하면 육아도, 교육도 마냥 즐거워집니다.

저는 이런 생각의 전환을 통해 50대 후반에 육아와 관련된 공부를 많이 했습니다. 그 결과 '방과후지도사' 자격증도 땄지요. 영어는 물론, 국어, 논술 지도사 자격증까지 보유하고 있습니다. 2003년에는 사이버 주부대학에서 교육과정을 이수했고 2006년에는 영어 독서 지도사 자격증 과정을 수료하기도 했습니다.

끊임없이 공부를 한 이유는 말할 것도 없이 손녀 송이의 발전에 발맞추기 위해서였습니다. 하지만 지금 생각해보면 단지 우리 송이를 위해서만은 아니었던 것 같습니다. 저 자신을 위한 일이었고, 더 나아가 우리 사회에 작은 도움이라도 되는 할머니가 되고 싶어 그랬습니다. 아이들이 열심히 공부하는 것은 자신의 미래를 위해서지만 결국엔 우리 사회의 필요한 인재가 되기 위해서 하는 것과 같은 일이지요.

저는 손녀를 돌보는 할머니들이 이 같은 자부심을 가졌으면 좋겠습니다. 노년의 시간을 허비한다는 생각보다는 또다시 자식 농사를 짓는 데 자신의 경험과 지혜를 마음껏 발휘할 수 있는 좋은 기회라고요. 무료하게 시간을 보내는 것보다 손주들의 교육에 직접 나서서 사회를 위해 일할 수 있는 인재를 하나라도 더 길러내는 데 힘을 보태고 있다고 말이죠.

세상만사 모든 일이 마음먹기에 따라 달라집니다. 손주 양육도 그렇지 않을까요?

.2.

행복하게
아이를
보듬어요

어른이 주도권을 잡는
대화는 피해주세요

"애들과 대화를 많이 하는 편이에요. 그런데도 애가 말은 듣질 않고 자기 고집만 피우네요."

가끔 젊은 엄마들이 이런 고충을 토로할 때가 있습니다. 아이와의 대화를 통해 충분히 의사소통을 했다고 생각했는데, 막상 아이가 하는 행동을 보면 자신의 말을 전혀 알아듣지 못했다는 것이죠.

사실 이러한 일은 어른들 사이에서도 비일비재합니다. 서로 의사소통을 잘 끝냈다고 생각하고 돌아섰지만 나중에는 다른 소리가 나오기 십상입니다. 하물며 아이와의 대화인데 과연 충분한 소통이 이루어졌다고 자신할 수 있을까요?

예전에 초보 엄마였을 때 저도 여러 번 그런 경험을 했습니다. 아이와 의사소통을 한 뒤엔 정말 대화가 잘 되었다고 나름 만족하고 있었죠. 그런데 아이의 입장은 그것이 아니었나 봅니다. 이를테면 텔레비전을 한 시간만 보고 숙제를 하기로 했지만 아이는 약속을 지키지 않았습니다. 처음엔 약속을 지키지 않는 아이에게 화가 났습니다. "엄마가 그렇게까지 이야기했는데 왜 듣지를 않아?" 답답한 마음에 이렇게 야단을 치기도 했습니다. 하지만 얼마 지나지 않아 이게 문제였다는 걸 깨달았습니다.

'엄마가 그렇게까지 이야기했는데……'

이 말은 아이에게 제가 원하는 것을 일방적으로 주입시킨 것에 불과합니다. 그런데도 어찌된 일인지 저는 아이와 대화를 나누었다고 생각해버린 것이죠.

'어째서 이런 일이 발생하는 걸까?'

저는 제가 한 행동을 곰곰이 따져보았습니다. 그러다 알게 되었죠. 사실은 제가 아이를 '가르치는 대상'으로만 여겼다는 것을요. 그래서 저는 아이에게 "텔레비전은 한 시간만 봐" "숙제는 미리 해둬" 등등의 명령조 말만 했던 겁니다. 명령조의 말은 아이와 대화를 했다고 할 수 없습니다. 하지만 아이에게 약속까지 받아냈으니 제 입장에선 대화를 했다고 여긴 거죠.

아이와 진정으로 대화를 하고 싶다면 먼저 아이의 인격을 인정해야 합니다. 아이의 인격을 인정하지 않으니 아이의 말을 듣기보다는 내 말을 전하려고만 하는 상황이 되죠. 그리고 그 말이 전달되지 않았다고 화를 내게 되는 것이죠.

저는 예전의 시행착오를 거울삼아 송이에게는 똑같은 실수를 되풀이하지 않으려고 노력했습니다. 일단 제가 가장 조심했던 건 명령조의 말

을 하지 않는 것이었습니다. 고압적인 자세로 이거 해라, 저거 해라라고
말하기보다는 제 마음을 먼저 전달하는 방법을 썼습니다.

추궁보다
마음을 전달해주세요

아이에게 명령조의 말을 하지 않는 것만큼이나 피해야 할 중요한 것은 아이의 잘못을 추궁하는 것입니다. 추궁부터 하게 되면 아이는 반발심을 가지게 됩니다. 그러니까 잘못된 점을 고치기는커녕 똑같은 상황이 반복될 확률만 높아지는 거죠.

그래서 저는 은송이가 잘못했을 때 추궁을 하기 전에 제가 어떤 마음인지부터 아이에게 말했습니다.

1. 은송이가 방을 정리하지 않고 어질러 놓았을 때 :

"방이 이게 뭐야! 빨리 치우지 못하겠니?"

⋯▸ "방이 정리가 안 되어 있으니 할머니 마음이 심란하구나."

2. 공부는 하지 않고 만화만 보는 상황 :

"얼마 안 있으면 시험인데, 빨리 가서 공부해. 만화만 보면 어쩔래?"

⋯▸ "며칠 있으면 시험인데, 만화만 보니 할머니는 걱정이 되는구나."

3. 숙제를 하지 않고 컴퓨터 게임을 하고 놀 때 :

"숙제 다 했어? 너 숙제 안 할 거야?"

⋯▸ "숙제를 안 하면 선생님에게 야단맞을 텐데. 할머니는 송이가 야단을 맞으면 마음이 무척 아플 것 같구나."

만약, "너 왜 숙제 안 해? 너 계속 그렇게 말 안 들을래?"라고 말한다면 아이는 자기 마음을 알아주지 않는 엄마에게 화가 날 겁니다. 말 속의 주어가 '너'가 될 때는 '너'에 해당이 되는 아이 자신을 공격하는 의미가 담겨 있기 때문입니다. 아이는 자신이 잘못하고 있는 것을 압니다. 하지만 부모가 그걸 적나라하게 지적하고 공격해버리면 아이들은 자존감이 낮아지고 좌절하게 됩니다. 당연히 감정이 안 좋아지면서 대화도 단절되겠지요. 게다가 어른과 아이는 특히나 힘의 관계에서 평등하지 않습니다. 그런 상황에서 어른이 명령하고 지시하고 야단을 치면 아이는 주눅부터 들기 마련이지요.

하지만 말 속의 주어를 '나'로 하면 엄마의 마음을 아이에게 진솔하게 전달할 수 있습니다. '너'를 공격하기보다는 '내'가 지금 어떤 마음인지를 보여주기 때문이죠.

그래서 저는 송이와 대화를 할 때, '너는 어떻고, 너는 저렇고' 식의 말보다는 '나는 어떤 마음인지'를 먼저 보여주고자 노력했습니다.

저는 송이와 이야기를 할 때 이렇게 말을 합니다.

"은송이는 사실 무엇을 먼저 해야 하는지 알고 있지? 은송이가 지금 숙제를 안 하고 놀고 있어도 마음에서는 먼저 해야 하는 것을 알고 있지?"

이렇게 아이가 스스로 생각할 수 있도록 대화를 유도해갑니다. 할머니가 걱정하고 있는 마음을 은유적으로 보여주면서 아이 스스로 행동을 실행할 수 있게 말이죠.

어른들도 마찬가지일 겁니다. 상대방이 솔직하게 마음을 보여줄 때 자신의 마음을 열 수가 있을 테니까요.

남편과의 대화에서
대화법을 배워요

아이들뿐 아니라 어른들도 대화가 안 되어서 의사소통이 막히는 것을 종종 경험할 때가 있을 겁니다. 저 역시 그렇습니다. 소통이 안 되었던 경험이 있으면 그 사람과 다시는 대화하고 싶지가 않습니다. 일단 뒤끝이 좋지 않고, 말 이면의 뜻을 자꾸만 생각하게 되기 때문입니다. 그나마 어른들끼리의 대화는 평등한 관계에서 이루어지니 대화가 불쾌했다면 왜 불쾌했는지 생각할 수도 있고, 되돌아서서 나 자신을 돌아볼 수도 있습니다. 하지만 어른과 아이의 관계에서는 자칫 잘못하다가 아이의 마음을 꽁꽁 닫아버리게 할 수도 있습니다.

　하지만 좋은 대화를 하는 게 그리 쉬운 일은 아닙니다. 서로 말을 주고받기만 하는 것은 대화가 아닙니다. 대화에도 일종의 기술이 필요하죠. 그리고 이러한 기술은 경험을 통해 깨닫게 되기도 합니다.

예전에 초보 주부이던 시절에 한번은 이런 일이 있었습니다.

남편과 대화를 할 때 제가 말하려는 것이 전달이 안 되고 오히려 말을 하지 않는 것만 못할 때가 종종 있곤 했습니다. 그날도 제가 속상한 일이 있어 남편에게 이야기를 했는데, 그는 제 말에 동조하기보다 화부터 냈습니다.

왜 이렇게 되었을까? 마음이 상한 상태에서 그 이유를 찾아보았습니다. 하지만 아무리 생각해도 알 수가 없었죠. 하지만 제가 말을 하기 전만 해도 남편의 마음은 평온한 상태였다는 것을 알고 있었습니다. 그래서 남편에게 물어보았습니다.

"여보, 내가 당신에게 말을 하기 전에는 당신 마음이 평온한 상태였죠? 그런데 내 이야기를 들은 후 당신은 화를 냈어요. 제가 마음이 상하는 일이 있었고, 당신에게 위로를 받고 싶어서 이야기를 한 건데 왜 당신은 화가 났을까요? 당신이 화를 내면 전 어떻게 하죠? 제가 당신 말고 누구에게 이야기할 수 있겠어요?"

그러자 남편이 말했습니다.

"그래, 맞아. 당신이 이야기하기 전에는 괜찮았는데……. 이상하게 당신이 마음 상한 이야기를 하면 나도 덩달아 기분이 나빠져."

"저는 당신이 내 마음을 이해해주기를 바라면서 이야기하는 건데……. 그러면 어떻게 말하는 게 좋을까요?"

남편은 아무 말도 하지 않았습니다. 그래서 저는 먼저 남편에게 제안했습니다.

"그럼 이렇게 하기로 해요. 내 이야기를 들은 후에 이렇게 말해줘요.

'아, 그런 일 때문에 당신이 속상했구나. 속상할 만한 일이네. 이해가 돼'
그냥, 이렇게요."

　그러자 제 이야기를 듣고 있던 남편의 얼굴이 환해졌습니다. 남편도 내 마음을 모르는 것은 아니었지만, 적절한 대화법을 알지 못해 화를 내는 것으로 반응을 했던 것이죠. 저는 또 내 나름대로 남편이 화만 내는 것 같아 마음이 상한 것이고요. 만약 이런 대화를 좀 더 일찍 했더라면 지난날 남편과의 대화에서 마음 상할 일은 많지 않았을 겁니다. 늦게라도 내 제안을 흔쾌히 받아준 남편이 몹시 고마웠습니다.

　이후로는 제 아이들에게도 이런 대화법을 적용했습니다. 아이가 마음 상한 일을 당했을 경우엔, 잘잘못을 따지거나 화를 내기 전에 먼저 아이의 편에 서서 아이의 마음을 보듬어주었지요. 제가 남편에게 원했듯 아이들 역시 부모에게 그런 자세를 원했을 겁니다. 그리고 송이에게도 이러한 대화법을 그대로 적용했습니다.

　일단은 믿어주고, 편이 되어주는 것. 그래야 아이도 저를 믿어주지 않을까요?

어머니에게 배운 사랑을 내 아이들에게

지금은 고인이 되셨지만 저는 저를 낳아주시고 키워주셨던 어머니를 아직도 존경하고 있습니다. 어머니는 아이들에게 화를 내기보다는 칭찬부터 하시는 분이었습니다. 돌이켜 생각해보면 어머니의 칭찬이 제겐 굉장히 큰 힘이 되었습니다. 어머니의 칭찬은 제게 자존감과 자신감을 불어넣어 주었으니까요. 설혹 제가 잘못한 일이 있어도 어머닌 아낌없이 저를 격려하신 후에 "울 숙이는 이것만 고치면 정말 예뻐"라고 말씀하셨죠. 그래서 어머니의 지적을 받고도 기분 나쁜 적이 없었습니다. '아, 그래, 어머니 말처럼 이건 고쳐야겠구나' 이렇게 생각을 하고 다음엔 똑같은 실수를 저지르지 않기 위해 노력했습니다.

아이의 잘못을 지적하기 전에 칭찬부터 해보세요. 그런 다음 아이의 반응을 살펴보세요. 아이와의 관계뿐만 아니라 대부분의 인간관계에서

이 같은 방법은 생각보다 유용하답니다.

사실 많은 사람들은 칭찬을 상대방에게만 이로운 것으로 생각합니다. 하지만 다른 사람을 칭찬하는 건 곧 저 자신을 세우는 일도 됩니다.

한번은 이런 일이 있었습니다.

평소 저에게 형님이라고 부르는 동네 친구 A의 아이가 밥을 잘 먹지 않기에 한약을 지어 먹어보라고 권했습니다. 그러자 아는 한의원이 없다고 하더군요. 마침 포항에서 제 친구 B의 남편이 한의원을 운영하고 있기에 소개를 시켜주었습니다.

며칠 후 B는 포항에서 경주까지 직접 약을 들고 왔습니다. 택배로 배달해도 되지만 제가 경주에 있으니 이번 일을 계기로 오랜만에 저를 보러왔다고 하더군요. A에게 친구 B를 인사시켜 주었습니다.

"이 친구는 얼굴도 예쁘고, 노래도 잘하고, 성격도 좋고, 가까이 할수록 매력이 있는 친구야."

B는 과분한 칭찬이라며 쑥스러워했지만 기분은 좋아보였습니다.

A의 집에서 나오자마자 B는 이렇게 말했습니다.

"형님이 저를 좋게 봐주셔서 감사해요."

그래서 저는 이렇게 대꾸했습니다.

"오늘 칭찬은 내 홍보야."

B는 그 말을 바로 알아차리고 깔깔 웃었습니다.

"맞네, 맞아요. 전 남을 칭찬하면 상대만 올라가는 줄 알았어요."

"내가 A와 친구가 된 지 얼마 안 되었거든. 어떻게 해야 나를 알릴까 생각했었는데 오늘이 좋은 기회였어. 하하하."

“오늘 한 수 배웠네요.”

B의 마음을 가볍게 하기 위해 농담처럼 말을 했으나 사실 타인을 높이는 것이 곧 나를 높이는 것이라는 생각은 확고했습니다.

제 아이들에게도 이 방법을 자주 사용했습니다. 아이의 잘못을 찾아 지적하기보다는 아이의 장점을 최대한 많이 발견하고 또 그것을 솔직하게 말해주었습니다. 자기 자신이 얼마나 사랑스러운 아이인지를 알게 하는 것 또한 엄마의 일이지요.

아이의 잘못을 고쳐야겠다 싶으면 먼저 분위기가 좋은 레스토랑으로 데리고 갔습니다. 그곳에서 아이들이 좋아하는 돈가스를 사주면서 많은 이야기를 나누었습니다. 잘못을 했더라도 아이들 나름대로는 그만한 이유가 있는 법이니까요. 일단 왜 그런 일을 했는지, 어째서 그런 생각을 했는지 등의 이유를 들어보는 것이 먼저였습니다. 변명의 기회조차 주지 않는 건 어른에게도 가혹한 일인데 아이들에겐 오죽하겠습니까.

오랜 시간 대화를 하다 보면 아이의 생각을 이해하게 됩니다. 반대로 아이들도 엄마의 생각을 이해하게 되죠. 그런 다음 잘못을 지적하는 것이 좋습니다. 잘못을 지적할 때도 아이의 자존심은 건드리지 않게 말을 조심해야겠지요.

저는 손녀 송이가 타인을 사랑하고 배려할 줄 아는 사람으로 성장하기를 바랍니다. 그래서 말 한마디를 하더라도 타인이 들었을 때 기분 좋은 말을 하는 사람이 되기를 바랍니다. 말에는 아주 큰 힘이 있기 때문이지요. 굳이 하지 않아도 될 말을 해 상대방의 기분을 상하게 하는 건 타인의 마음을 헤아리지 못했기 때문입니다. 한 마디의 말이 누군가에겐 비수가 될 수도 있고 아주 오랫동안 좋지 않은 기억으로 자리를 잡을 수도 있다는 걸 알기 때문입니다.

송이가 타인의 마음을 배려하고 헤아려 말을 하거나 타인의 말을 잘 듣는 사람으로 자라기 위해서는 먼저 제가 송이에게 그런 사람이 되어주어야 한다는 생각을 했습니다. 제 어머니가 제게 그러했던 것처럼 말이죠. 잘못보다는 칭찬할 일을 먼저 찾거나 송이가 잘못했을 땐 먼저 그 이유부터 들어주는 건 제가 어머니에게 배운 양육법이기도 합니다. 하지만 그건 굳이 말로 가르쳐줘서 배운 것이 아니라 어머니의 행동을 통해 배운 것이지요. 고기도 먹을 줄 아는 사람이 먹는다고 말도 그렇습니다. 좋은 말을 듣고 자란 아이가 좋은 말도 할 줄 알게 되는 법이지요. 또한 옆에 자신의 말을 귀 기울여 들어주는 사람이 있는 아이가 나중에 자라서 타인의 말에도 귀 기울일 줄 아는 법이니까요.

아무리 내 아이를 존중하고 사랑해도 행동으로 보여주지 않으면 아이는 자신이 존중받거나 사랑받는다고 생각하지 못합니다. 부모의 사랑을 행동으로 보여주는 것은 생각보다 어렵지 않습니다. 아이의 잘못을 지적하기 전에 먼저 칭찬부터 해주고 아이의 말에 귀를 기울여주면 됩니다. 아이가 자신이 존중받고 사랑받고 있다는 것을 충분히 느낄 수 있게 해주세요.

아이가 내 마음과 같지 않다면

유태인의 가정교육에 '아이를 훈육할 때는 오른손으로 때리고 왼손으로 안아주라'는 지침이 있습니다. 사실 이 지침을 실천하는 것은 쉬운 일은 아닙니다. 아이가 잘못했을 땐 화가 나기 마련이고, 또 그 화를 다스리는 것도 꽤 힘이 듭니다. 아이를 키우는 부모라면 누구나 한 번쯤은 느꼈을 일이지요. 처음엔 아이의 잘못을 고치려 짐짓 화를 내고 매를 들었지만, 시간이 지나면서 점차 화만 내고 있는 자신을 발견할 때가 있지 않은가요?

'과연 내 아이를 때려서까지 잘못을 바로 잡아야 할까?'

처녀 시절만 해도 저는 언젠가 결혼을 하고 아이를 낳으면 절대로 매를 들지 않는 엄마가 될 거라 다짐했습니다. 아이를 낳은 뒤에도 '회초리를 들지 않고 말로 타이르는 엄마가 되자'고 제 자신과 약속까지 했으니까요. 하지만 막상 아이들을 키워보니 이성보다는 감정이 앞설 때가 많았습니다. 몇 번이나 하면 안 된다고 주의를 준 것을 아무렇지도 않게 하거나, 이상한 고집을 피우거나, 형제끼리 싸우는 것을 볼 때마다 저도 모르게 감정이 격해졌습니다.

'아니, 애들이 왜 이럴까. 어쩌면 이렇게 하지 말라는 것만 찾아서 할까? 속을 썩이려고 작정을 했나? 그렇지 않고서야 이렇게 말을 안 들을 수가 있나.'

정말 온갖 생각이 다 들었습니다. 그래도 나 자신에게 약속한 것이 있어 매를 들지는 않았지요. 매를 든다고 아이들의 행동이 달라지지 않는다는 생각도 있었을 겁니다.

어쨌든 처음엔 주의를 주거나 나무라는 것으로 끝냈습니다. 그런데 그것도 몇 번 반복이 되고 보니 저도 모르게 언성이 높아지더군요. 아이들이 반성의 기색을 전혀 보이지 않는다고 느껴지면 말에 가시까지 돋칩니다. 아이의 자존심을 한없이 낮추는 언어를 마구 쏟아내는 거죠. 매를 들지 않았다 뿐이지 매보다 더 모질고 날카로운 말로 상처를 입히고 있다는 것을 처음엔 잘 몰랐습니다. 몸에 난 상처는 눈으로 볼 수 있지만 마음에 난 상처는 여간해서 보이지 않으니까요.

아이들은 자라면서 자기 고집이 형성되는 시기가 있습니다. 그땐 몇마디 말로 설득하는 게 힘들지요. 그럼 괜스레 화가 나게 되고, 화를 내다 보면 감정이 복받쳐 할 말 못할 말을 가리지 않고 하게 됩니다. 그렇다고 아이들이 달라졌느냐 하면 그것도 아닙니다. 그냥 부모와 아이들 간의 심리적 거리만 멀어질 뿐이지요.

'과연 이대로 괜찮은 걸까?'

세상의 많은 부모들이 훈육에 대한 고민을 끝없이 합니다. 특히 매를 들어야 하는지 말아야 하는지에 대한 고민은 어제오늘의 일이 아닐 겁니다. 나 역시 이 같은 고민에 휩싸였지요. 그러다 어린 시절 우리를 훈육하기 위해 매를 드셨던 아버지를 떠올렸습니다.

아버진 우리 형제들이 잘못을 하면 일단 타이르기부터 하셨습니다. 언성을 높이지 않고 조곤조곤 타이르면 '내가 무엇 무엇을 잘못했구나' 하고 생각을 하게 되죠. 하지만 시간이 지나면 곧 잊어버립니다. 똑같은 잘못을 저지르는 일이 반복이 되죠. 그때도 아버지는 타이르기만 하셨습니다. 세 번째도 마찬가지였죠. 하지만 똑같은 잘못을 네 번 저지르면 아버지는 그때 매를 드셨습니다. 세 번의 타이름으로 잘못을 수정할 기회를 주고, 그래도 달라지지 않으면 매를 드는 것이 아버지의 훈육 방식이었습니다.

아버지의 깊은 뜻을 이해했더라면 얼마나 다행이었겠습니까. 하지만 결국 매까지 맞는 불상사가 발생해버리곤 했지요. 어린 마음에 아프고 억울했습니다. 아마도 아버지가 매를 맞은 손을 어루만져주지 않았다면 어른이 된 후에도 그랬을 겁니다.

"사랑하기 때문에 때렸다. 하지만 아빠 마음이 더 아프구나."

아버진 매를 든 후엔 꼭 이렇게 말했습니다. 한번은 아버지의 눈에 눈물이 맺혀 있는 것을 보았습니다. 우리 아버지는 유태인의 가정교육이라는 것을 들어보지도 못하셨던 고지식하신 분이었지만, 아이들의 훈육에서 사랑으로 감싸주는 것이 얼마나 중요한지를 알고 계셨습니다. 하지만 그때만 해도 아버지에게 맞은 손바닥이 아프기만 했던 저는 그 마음까진 헤아리지 못했습니다. 하지만 좀 더 성장한 후에는 아버지가 당신의 화를 참지 못해 우리에게 매를 든 것이 아니라는 걸 알았죠. 무조건 매를 들지 않는 것이 능사는 아니었습니다. 훈육에 필요하다면 적절하게 활용할 수도 있어야겠지요.

세 번의 타이름과 한 번의 매, 그 후의 위로와 사랑.

저는 아버지의 방법을 제 아이들에게도 시도해보기로 했습니다.

매를 꼭
들어야 한다면

자녀를 키우다 보면 매를 들어야 할 때가 있습니다. 하지만 매를 들 때는 자녀의 동의와 규칙이 따라야 합니다. 매를 드는 건 아이들을 아프게 하기 위해서가 아니기 때문입니다. 아이에게 도움이 되기 위해서는 아이가 자신이 매 맞는 이유를 분명하게 알고 있어야 합니다.

저의 경우엔 매를 들기 전 먼저 다섯 가지 규칙을 정했습니다.

1. 상벌의 규칙은 아이와 함께 만들어나갑니다

아이가 생각하기에 부모가 무작정 매를 드는 것 같으면 아이는 자신의 잘못을 인정하려 하지 않게 됩니다. 오히려 억울한 마음만 한가득 가지게 되겠지요. 더 심하게는 반발심을 가질 수도 있습니다. 따라서 모든 상황은 아이와 함께 의논하는 것이 좋습니다. 제일 먼저 해야 하는 의논은 할 수 있는 것과 해서는 안 되는 것을 구분 짓는 겁니다. 이때 부모는 명령하듯 규칙을 정하면 안 됩니다. 아이의 의견을 충분히 반영해야 하고 아이가 납득을 하지 못했다면 그 이유를 충분히 설명해주는 과정이 필요합니다.

2. 한 대를 때리더라도 진짜 아프게 때립니다

부모의 가르침이 장난처럼 여겨지면 안 되기 때문입니다. 또한 약하게 때리는 매는 잘못된 상황의 심각성을 아이에게 제대로 전달할 수 없습니다.

3. 공부 때문에 매를 들어선 안 됩니다

모든 아이들이 공부를 잘할 수는 없습니다. 아이의 성적이 좋으면 감사한 일이지만 그 반대의 경우라고 해서 아이를 탓할 수는 없습니다. 아이들도 부모만큼이나 공부를 잘하고 싶고 좋은 성적을 내고 싶어 합니다. 사실 성적이 좋지 않아서 누구보다 속상한 사람은 아이 자신일 겁니다. 오히려 그런 상황에서는 아이들에게 위로를 해주세요.

4. 아이에게 매를 든 후에는 꼭 안아줍니다

어떠한 이유로든 매를 맞은 아이는 마음이 상하고 우울할 수밖에 없습니다. 매를 들기 전에 그 이유를 충분히 납득시켰다고 해도 마찬가지입니다. 아이의 마음을 어루만지고 위로해주는 것 또한 매의 연장선상에 있는 일입니다.

5. 절대 손으로 때리지 않습니다

　매를 들어야 한다면 종아리나 손바닥을 회초리로 때리는 것이 바람직합니다. 손으로 직접 때리는 건 아이에게 모욕감을 줄 수도 있고 나쁜 감정이 실려 있다는 느낌을 줄 수 있습니다. 또한 손으로 맞은 기억은 아이들의 성격 형성에도 좋지 않은 영향을 미치게 됩니다.

　이 같은 규칙을 정한 지 며칠 지나지 않아서였습니다. 어린이집에 다니기 시작한 아들이 처음으로 욕을 배워왔습니다. 정말 아무렇지도 않게 툭툭 욕을 내뱉는 아이를 불러서 눈을 보며 이야기했습니다.

　"그 말의 의미를 네가 아는지 모르겠지만 그 말은 나쁜 말이니 다시는 하면 안 돼. 한 번 더 그 말을 하면 엄마가 매를 들 거야."

　아들은 알겠다며 고개를 끄덕였습니다. 그렇지만 나쁜 것은 왜 이렇게 물이 잘 드는 걸까요? 며칠 후 아들은 또 은연중에 그 욕을 입에 담았습니다.

　저는 아들을 데리고 마당으로 나가 큰 동그라미를 그려 놓았습니다. 그런 다음 아들에게 거실에 있는 회초리를 들고 와달라고 했습니다. 회초리를 가지러 가는 동안 자신이 무엇을 잘못했고 어떤 벌을 받을지 생각할 시간을 주기 위해서였습니다. 대부분의 엄마들은 본인이 뛰어가 회초리를 찾아옵니다. 그리고 아이가 있는 곳으로 가지요. 그렇게 되면 엄마의 감정이 조절이 안 된 상태에서 아이를 때리게 됩니다. 엄마는 그럴 때일수록 여유를 가지고 차분하게 대처해야 합니다. 때리는 것이 목적이 아니라 아이가 잘못을 깨닫고 반성하게 하는 것이 목적이니까요.

　잠시 후 아들은 회초리를 들고 마당으로 나왔습니다. 저는 이미 동그라미 안에 들어가 있었고 아들에게도 이 안으로 들어오라고 했습니다. 아들은 동그라미 안으로 순순히 들어와 내 앞에 섰습니다.

　“네가 무엇을 잘못했는지 알겠니? 잘못했으니까 약속대로 매를 맞아야겠지?”

　마지못해 고개를 끄덕이는 아이의 손바닥을 저는 세게 때렸습니다.

　약속한 매를 맞고 우는 아이에게 “왜 울어? 뭘 잘했다고?”라고 다그치지 마세요. 아이들은 아파서이기도 하지만 자신의 잘못을 알기에 웁니다. 그럴 때엔 두 팔을 벌려 아이를 안아주세요. 그리고 “엄마는 네가 잘되기 바라는 마음에서 그런 거야”라고 이야기해주세요. 한바탕 울고 나면 아이도 엄마의 진심을 이해하게 될 것입니다.

　한번은 아들의 종아리를 한 대 때렸는데 피멍이 든 적이 있습니다. 아픈 종아리를 감싸 쥐고 울고 있는 아들을 보니 옛날 아버지께서 하셨던 말씀이 생각났습니다.

　“사랑하는 아들아, 많이 아프지? 그렇지만 네가 아픈 것보다 엄마 마음이 더 아프단다.”

　아버지가 제게 했던 말을 아들에게도 해주었습니다. 그런 다음 약을 찾아 발라주는데 눈물이 나더군요. 아들은 저의 그런 모습을 보고는 가슴팍에 안겨서 말했습니다.

　“엄마, 잘못했어요.”

　“그래, 이제 괜찮아.”

　함께 부둥켜안은 채 한참 소리 내어 울었습니다. 그러는 내내 저는 하나님에게 기도했습니다.

"하나님, 아들이 잘 자라도록 도와주세요. 제가 아이들을 잘 키울 수 있도록 지혜를 주세요."

아무리 경험이 많은 할머니라고 해도 양육에 완벽할 수는 없습니다. 아이들이 올바르게 성장하기를 바라듯 저 자신도 늘 지금보다 더 성장하기를 바라게 됩니다. 아이에게만 올바른 사람이 되라고 말할 것이 아니라 제 자신이 먼저 올바른 할머니가 되기 위해 노력해야 한다고 생각합니다. 아이는 엄마나 할머니의 말 한마디에서 바른 인성을 배우는 것이 아니라, 그들의 행동을 통해 바른 인성을 자연스레 몸에 익히게 되는 것이지요.

바로 이 때문에 어른이 올바른 행동거지를 아이들에게 보여주는 것이 체벌보다 먼저입니다. 그럼에도 불구하고 우리 아이들을 키울 때엔 어쩔 수 없이 체벌을 해야 할 때가 많았습니다. 하지만 손녀 송이를 키우는 동안엔 회초리를 들 일이 그다지 많지 않더군요. 왜 그럴까 한번은 진지하게 생각해본 적이 있습니다. 내 아이들에 비해 송이가 훨씬 더 착하고 순한 아이여서 그런 건 아니었습니다. 아이들이라면 흔히 하는 잘못을 송이라고 덜 하지는 않았으니까요. 그 답은 바로 저 자신에게 있었습니다.

엄마의 입장에서 아이들을 키울 땐 아이의 잘못에 더 엄격했습니다. 그 잘못이 나중에 더 큰 잘못으로 번질까 봐 지레 걱정한 점도 없지 않았습니다. 하지만 아이들이 성장하는 것을 지켜본 결과 그땐 잘못이라고 생각한 것이 나중에는 그렇게 큰 잘못이 아니었거나 굳이 야단을 치지 않아도 아이 스스로 깨닫기도 한다는 걸 알게 되었습니다. 그러한 경험이 있기에 송이를 키우는 동안엔 제 마음 가짐 자체가 좀 더 너그럽고 여유로웠지요. '이즈음의 아이는 이런 잘못을 저지르기도 하지만 조금 시간이 지나면 스스로 고치기도 한다'는 믿음을 가지고서요. 그래서 송이에겐 회초리까지 들어서 고칠 일이 그다지 눈에 띄지 않았습니다. 꼭 필요한 매와 그렇지 않은 매가 좀 더 분명하게 선별이 된 탓이겠지요.

반면, 할머니이기 때문에 너무 오냐오냐 키우게 되는 것에도 저는 주의를 기울였습니다. 할머니가 손주를 몹시 귀하게 여겨 버릇없는 아이로 자라게 되는 것을 많은 부모들이 걱정하듯 저도 그런 고민을 했기 때문입니다. 그래서 필요하면 회초리를 들기도 했지요. 하지만 아이가 스스로 잘못을 깨우치지 못하는 부분에서만 회초리를 들도록 조심했습니다. 그리고 회초리를 든 후엔 꼭 아이의 마음을 어루만지고 위로해주었지요. 미워서가 아니라 좀 더 올바른 길로 인도하기 위해서 회초리를 들었다는 걸 아이가 이해해야만 회초리 교육이 더 빛을 발하기 때문입니다.

자신과의 약속을
지키는 아이로 키우려면

송이가 다섯 살 때였습니다. 〈엄마를 기다리는 아기 올빼미〉라는 동화 책을 아주 재미있게 읽더니 누가 시킨 것도 아닌데 노트를 가지고 오더 군요. 그리곤 이렇게 말했습니다.

"이만큼 써야지."

그러면서 한글을 쓰기 시작했습니다. 그 모습을 보고는 어찌나 놀랐 는지요. 영어를 좋아하는 송이가 먼저 한글을 썼기 때문이 아닙니다. 제 가 주의 깊게 본 것은 아이가 자신에게 과제를 주고 자기와의 약속을 하 기 시작한 것입니다. 그것도 제가 보기엔 꽤 많은 분량이었는데도 그것 을 다 해내겠다고 덤비는 것을 보니 뿌듯하고 대견했습니다. 반면, 정말 저걸 다 해낼 수 있을까, 살짝 의심이 가기도 했지요. 그래도 저는 "송이 야, 혼자서 약속한 것은 해야 된다"고 말해주고 김장을 하기로 한 터라 준비를 하기 시작했습니다. 그런데 아니나 다를까, 송이는 달랑 두 줄만 쓰더니 연필로 장난을 치고 있었습니다.

이 또래의 아이들은 무엇이든 해보겠다고 덤벼드는 시기인 듯했습니다. 이 시기에 훈련을 잘하면 자기와의 약속을 지키면서 성취감을 느낄 수 있는 사람으로 자랄 수 있겠다 싶었지요. 그런데 옆에서 도움을 하나도 주지 않고 말로만 '약속한 것은 해야 한다'고만 했으니 아이 스스로의 힘으로는 약속을 지키기가 힘들었을 겁니다.

이 상황을 보던 송이 엄마가 송이 곁으로 갔습니다.

"송이야, 엄마가 보기엔 너무 많은 것 같아. 한 페이지를 다 쓰지 말고 딱 두 줄만 쓰기로 하는 게 어때?"

송이는 엄마 말대로 두 줄을 쓰고는 어른들에게 자랑을 했습니다. 자기가 엄마와 약속을 지켜 다 해냈다고요.

이 시기의 아이들은 혼자 할 수 있는 분량을 제대로 정하지 못합니다. 한꺼번에 많은 분량을 하겠다고 나서면 조금 줄여주고, 아주 적은 분량만 하겠다고 하면 조금 늘여주는 작업이 필요한 시기이지요. 그래야 스스로의 약속을 시행하고 그에 따른 성취감을 느낄 수도 있습니다.

송이가 좀 더 자란 후에도 저는 자기 자신과의 약속이 얼마나 중요한지 종종 말해주곤 했습니다. 우리 송이가 자기와의 약속을 잘 지키는 사람으로 세상을 살아가게 이끌어주고 싶은 마음 때문이죠.

"은송아, 내가 나 자신에게 약속하는 것은 아무도 몰라. 지켰는지 안 지켰는지 아무도 모르기 때문에 소홀히 여길 수가 있단다. 하지만 아무도 모른다고 해도 약속을 지키고 나면 굉장히 뿌듯하고 기쁘지. 다른 사람은 몰라도 자기 자신은 아니까 말이야."

그럼 송이는 이렇게 대답합니다.

"할머니, 송이는 남들하고도 약속을 잘 지키고 나와의 약속도 잘 지키도록 노력할게."

초롱초롱한 눈으로 이렇게 대답하는 아이를 보면 얼마나 흐뭇한지요. 살다보면 자기 자신과의 약속을 다 지키지 못하는 상황이 발생할 수도 있습니다. 하지만 송이는 적어도 자신과의 약속을 지키기 위해 애를 쓰는 사람으로 성장할 거라는 믿음이 생겼습니다. 사실 아이가 자기 자신과의 약속을 지키게 하기 위해서는 부모의 믿음이 가장 중요합니다.

한번은 이런 일도 있었습니다. 송이가 초등학교 2학년이 될 즈음엔 할머니 곁을 떠나 엄마 아빠와 살게 되었지요. 그래도 방학만 되면 꼭 우리 집에 와서 저와 함께 지냈습니다. 하루는 제가 친구들과 약속이 있어 송이에게 이렇게 말했습니다.

"은송아, 할머니가 두세 시간 외출했다가 올 텐데 혼자서 오늘 계획한 것 잘할 수 있겠지?"

"할머니가 돌아와서 내가 얼마나 했는지 확인하면 되잖아."

"할머니는 확인 같은 것 안 해."

"확인 안 해? 왜?"

"우리 송이를 믿으니까."

그러자 송이는 저의 굵은 허리를 껴안고 이렇게 말하더군요.

"사랑해."

손녀에게 이런 말을 들으면 마치 천국이 내 안에 있는 듯 마냥 행복해집니다. 그러곤 알게 되지요. 아이에게 부모의 신뢰만큼 큰 사랑도 없다는 걸요.

　실제로 자녀 양육에서 가장 중요한 덕목은 부모의 신뢰라고 합니다. 부모의 신뢰는 아이에게 자존감을 심어줍니다. 또한 부모의 신뢰는 아이가 당당하고 자신감 있는 사람으로 성장할 수 있는 밑거름이 되어주기도 합니다. 사람은 누군가 자신을 믿어줄 때 그만큼의 힘을 발휘하기 마련이니까요. 그리고 그 누군가가 다름 아닌 부모일 때 아이는 천군만마를 얻은 것 같은 기분을 느끼게 됩니다.

　'나는 너를 믿어.'

　이 말을 아이에게 해본 적이 있나요?

　어렵지 않은 말인데도 입에서 쉽게 떨어지지 않았을 겁니다. 혹은 진정으로 우러나오지 않아 차마 말을 하지 못했을 수도 있습니다. 아이를 키우다 보면 믿음을 주기보다 잔소리를 하게 될 때가 많으니까요. 이는 아이를 덜 사랑해서가 아니라 이러저러한 걱정으로 불안하기 때문일 겁니다. 하지만 아이들은 어른들이 생각하는 것보다 더 섬세합니다. 한마디의 칭찬에 목말라하고 자신을 믿어주기를 원합니다. 또한 부모의 믿음에 기꺼이 부응할 자세도 되어 있습니다.

　그러니 지금이라도 아이에게 '나는 너를 믿어'라고 주문처럼 말해보세요. 그러면 알게 될 겁니다, 그 말을 듣는 순간 아이가 얼마나 행복해하는지. 그리고 얼마 지나지 않아 보게 될 겁니다. 내 아이가 조금씩 달라지고 있는 것을요.

아이와의 대화는 '엄마의 듣기'부터 시작되어야 합니다

아이에겐 대화하자고 해놓고 막상 대화를 시작하면 엄마만 말을 하는 경우가 있을 겁니다. 처음엔 그럴 의도가 없었다고 해도 말을 하다 보면 쏟아 붓게 되지요. 그리고 아이에겐 하고 싶은 말을 하라고 해놓고 막상 아이가 말을 하기 시작하면 말대꾸를 한다거나 쓸데없는 고집을 피운다고 야단을 치기도 하지요. 이런 대화가 여러 번 반복되면 당연히 아이는 말문을 닫아버립니다. 엄마에게 말해봤자 아무 소용이 없다는 걸 경험으로 알아차리니까요.

대화는 말 그대로 서로 마주보며 이야기를 주고받는 것입니다. 한쪽이 일방적으로 말하는 것은 대화가 될 수 없지요. 아이와의 대화를 대화로 끌어내지 못하고 야단치는 것으로 끝나는 이유는, 아이와 엄마 사이에 어떤 공감대도 형성되지 못했기 때문입니다.

엄마 자신은 말을 아끼고 아이가 무슨 말을 하고 싶어 하는지, 무슨 마음인지, 무슨 생각을 하는지부터 들어야 합니다. 아이를 대화의 테이블로 인도하기 위해 제일 먼저 해야 하는 일이 바로 이것이지요.

.3.

아이 엄마와
행복한 관계를
맺어요

할머니 양육은
장기 계획을 세울 수 없을까요?

"자녀를 키우는 것과 손녀를 키우는 건 다르지 않나요?"

자기 아이들을 다 키운 후에 손녀를 키우는 할머니들이 많을 겁니다. 예전과 달리 대가족이 아니고 맞벌이 부부가 늘어난 추세니까요. 그래서인지 종종 저를 아는 사람들은 자녀 양육과 손녀 양육의 차이점을 알려달라고 합니다. 할머니가 아이의 양육을 맡을 때의 장단점을 알고 싶은 거겠죠.

일단 제 경험을 말하자면 양육 방식은 그다지 달라지지 않았습니다. 내 아이들을 키울 때 아이들과 대화를 많이 하려 노력했듯 손녀 송이와도 늘 그렇게 했습니다. 또한 아이를 사랑하고 보살피는 마음도 같았습니다. 아니, 어쩌면 오히려 손녀에게 더 많은 사랑을 주고 있는지도 모르겠습니다.

제가 아이들을 키울 때는 시부모님을 모시고 살았습니다. 밥 한 끼를 만들어도 아이들보다는 시부모님의 입맛에 맞는 음식을 내놓아야 했지요. 어른들 앞에서 아이들에게 사랑을 마음껏 표현할 수도 없었고요. 초보 엄마라 사랑을 표현하거나 보여주는 데에도 미숙한 점이 많았을 겁니다. 하지만 손녀 송이에겐 누구 눈치 볼 것 없이 마음껏 사랑을 줄 수도 있고, 내 아이들을 키울 때 경험한 실수를 피해갈 수도 있었습니다.

자녀와 손녀를 키우는 게 어떻게 같을 수 있겠습니까?

엄마일 때의 저와 할머니인 지금의 저는 연륜도 같지 않을 뿐더러 경험치도 다릅니다. 당연히 많은 부분에서 차이가 날 수밖에 없습니다. 그중 가장 결정적인 차이는 손녀의 양육에서 할머니는 장기적인 계획을 세울 수 없다는 것입니다. 내 아이들을 키울 때는 무엇을 하든 엄마인 내게 결정권이 있었습니다. 또한 아이의 교육에 대해서도 장기적인 계획을 세울 수 있었습니다. 하지만 손녀와 관련된 일은 무엇을 하든 딸과 의논해서 결정해야 합니다. 당연히 장기적인 계획을 세울 수 없지요. 그래서 손녀 양육은 딸에게 위임을 받아 하는 것 같은 기분이 들기도 합니다.

만약 제가 전적으로 손녀의 양육을 책임져야 하는 상황이라면 장기적인 계획뿐 아니라 대부분의 일에 대한 결정권도 가지고 있었겠지요. 하지만 그렇지 않기 때문에 하나부터 열까지 딸과 상의를 해야 했습니다.

이를테면 영어 공부에서 학습지 선정, 어린이집에 보내는 시기, 학용품의 선택 등 모든 것이 상의의 대상이 되지요. 이때 할머니는 키우는 노력은 내가 다 하는데 결정권은 딸이나 며느리에게 있다고 불만을 갖지 말아야 합니다. 또 딸이나 며느리도 할머니의 양육 방법에 대해 무조건 마음에 들지 않는다고 투덜거려서는 안 됩니다.

할머니나 엄마가 자신만의 방법을 주장하거나 서로 힘겨루기를 하게 되면 중간에 낀 아이만 고생하게 되지요. 단단한 중심이 없어 이리저리 흔들리는 건 결국 아이이니까요. 때문에 할머니 양육에선 아이와의 관계뿐 아니라 할머니와 엄마의 관계도 고려 대상이 됩니다.

그렇다면 어떻게 관계를 맺어야 모두가 만족하는 육아를 해나갈 수 있을까요?

할머니와 엄마의 공동 육아입니다

할머니가 육아를 맡을 경우엔 교육적인 측면보다 정서적인 측면이 더 강하다고 합니다. 아이의 교육에 신경을 쓰기보다는 아이의 감정에 더 예민하게 반응을 하기 때문이죠. 엄마는 아이의 잘잘못을 따져 야단을 치기도 하고 매를 들기도 합니다. 하지만 할머니는 아이가 울 것 같으면 야단을 치기보다는 덥석 안아주기부터 하죠. 그래서 할머니의 품에서 자란 아이들 중엔 고집쟁이가 많다고도 합니다.

사실 아이들에게 자신을 온전하게 믿고 사랑하는 사람이 있다는 건 정서적으로 굉장히 바람직한 일입니다. 그런데 세상 모든 일이 그렇듯 지나침은 부족한 것보다 못할 때가 있습니다. 할머니나 할아버지가 손자 손녀가 무슨 일을 하든 '오냐, 오냐' 받아주는 것도 그렇습니다. 할머니의 육아가 많은 장점을 가졌음에도 불구하고 이 같은 단점이 아이에게 좋지 않은 버릇을 들이는 결과를 낳는 것이죠.

그런데 할머니 육아에서는 왜 이 같은 상황이 벌어질까요?

할머니는 경험자로서 젊은 엄마보다 더 많은 여유를 가지고 아이를 대하게 됩니다. 자기 아이에겐 미처 다 표현하지 못해 아쉬웠던 사랑을 손주에게 표현하는 거지요. 저의 경우에도 손녀 송이가 내 아이들보다 훨씬 더 사랑스럽게 느껴질 때가 많았습니다. 이만큼 나이가 들고 보니 송이가 고집을 피우는 일이 있어도 내 아이들 때처럼 그렇게 화가 나지 않았습니다.

'아이니까 그럴 수도 있지.'

오히려 더 넉넉한 마음으로 보게 되었습니다. 바로 이러한 마음이 아이를 엄하게 대하지 못하는 이유가 되는 거겠지요. 하지만 이보다 더 중요한 이유가 있습니다.

할머니는 아이의 엄마가 아니기 때문에 야단을 치거나 매를 드는 게 조심스러울 수밖에 없습니다. 만약 자기 자식이라면 당연히 훈계를 해야 할 일도 손녀이기 때문에 엄마의 눈치를 보는 거지요.

엄마는 자기 아이의 잘못을 다른 사람이 지적하거나 야단을 칠 때 마음이 불편해집니다. 화를 내도 본인이 내야 하고, 야단을 쳐도 자신이 쳐야 마음이 놓입니다. 식당에서 자기 아이가 제멋대로 구는 게 잘못되었다는 것을 알면서도 다른 사람이 주의를 주면 불쾌해지는 건, 어쩔 수 없는 엄마들의 본심일지도 모릅니다. 이를 모르지 않는 할머니들은 아이의 잘못을 지적하는 걸 꺼리게 됩니다. 아무래도 엄마의 눈치가 보이니까요. 엄마의 눈치를 보지 않고 아이를 훈계하면 엄마와의 갈등을 유발하는 상황으로 이어질 수도 있습니다.

이와 반대의 경우도 있죠.

엄마는 아이의 잘못을 지적하고 야단을 치는데 할머니가 옆에서 무조건 감싸주는 상황도 있습니다. 이렇게 되면 엄마의 교육이 전혀 힘을 발휘하지 못합니다. 아이는 자신을 감싸주는 할머니 품에 안겨서 야단만 치는 엄마를 잠정적인 적으로 여기게 되니까요. 당연히 엄마의 가르침은 전혀 들으려고 하지 않게 되지요. 이것이 많은 엄마들이 할머니 육아를 걱정하는 가장 큰 이유일 겁니다. 이러다 결국 엄마와 할머니의 관계까지 틀어지는 것은 아닌가, 서로에게 섭섭한 마음만 키우는 것은 아닌가 염려가 되지요.

그래서 생각의 전환이 필요합니다.

할머니 육아는 할머니가 엄마로부터 아이의 양육을 위임받은 것입니다. 하지만 실제로는 할머니와 엄마의 공동 육아입니다. 공동 육아이기 때문에 서로의 생각을 존중하고 의견을 조율할 필요가 있습니다. 엄마는 내 아이니까 모든 결정권이 내게 있다고 생각하면 안 됩니다. 할머니도 마찬가지입니다. 내가 키우니 내가 결정하는 것이 당연하다고 여기면 안 됩니다. 말 그대로 공동 육아이니 두 사람 모두에게 결정권이 있는 겁니다. 양쪽 다 이렇게 생각을 한다면 서로 크게 섭섭할 일도 갈등이 일어날 일도 많이 없겠지요.

하지만 실상은 그렇지 않아서 문제가 생기는 게 아닐까요?

육아 갈등,
어떻게 푸는 것이 좋을까요?

'공동 육아라니, 엄마 대신 할머니가 잠시 맡을 뿐이잖아.'

어쩌면 이런 생각을 할 수도 있습니다. 하지만 조금만 달리 생각해보면 공동 육아가 맞습니다. 몇 달이든 몇 년이든 할머니가 손녀를 보는 동안만큼은 분명 엄마와 함께 육아에 대한 '책임'을 가지고 있습니다. 그런데도 공동 육아가 아니라 엄마의 부재를 잠시 메우는 것뿐이라고 생각을 하면 모든 행동이 조심스러울 수밖에 없지요. 그런 상황에서 아이의 잘못을 알아도 어디 야단이나 칠 수 있을까요? 버릇이 없는 행동을 한다고 해서 훈계를 할 수 있을까요? 육아를 맡은 동안만큼은 아이의 행동에 대한 상벌의 권한은 가지고 있어야 하죠. 그러기 위해 우선되어야 하는 것이 아이의 엄마와 함께 육아 방침을 정하는 것입니다.

세상 어떤 일이든 마찬가지입니다. 서로의 합의하에 하는 일은 갈등을 줄일 수가 있습니다. 그 일을 하기로 서로의 동의를 구했고 그에 합당한 결과를 예측하기 때문이죠. 육아도 마찬가지입니다. 잘못을 한 손녀를 나무랐더니 그 손녀가 엄마에게 쪼르르 달려가 이른다고 생각해보세요. 아마 엄마는 할머니에게 그 책임을 물을 겁니다. 왜, 어째서 그랬는지가 중요한 것이 아니라 아이가 억울하게 야단을 맞은 것은 아닌지에 대해 더 신경을 쓸 수도 있습니다. 내 눈에 보이지 않으니 할머니가 어떤 방식으로 아이를 대하는지 알 수가 없는 것이죠.

서로를 모르면 서로에 대한 오해가 깊어집니다. 아무리 긴밀한 관계의 가족이라도 마찬가지입니다. 따라서 아이를 맡게 되면 먼저 할머니와 엄마의 방침을 정해두는 게 좋습니다.

할머니와 엄마의 방침

01 | 할머니와 엄마는 서로의 의견을 존중합니다. 엄마는 할머니가 그동안 경험을 통해 얻은 지혜를 존중하고, 할머니는 엄마의 신세대 교육법을 존중합니다.

02 | 훈육의 방침은 서로의 동의하에 정합니다. 예를 들어 아이가 잘못했을 경우, 할머니가 매를 들 수 있는 시점이나 그 강도 등을 정합니다. 이는 엄마가 할머니를 오해하지 않고 갈등을 유발하지 않기 위해서라도 꼭 필요한 일입니다.

03 | 엄마가 훈육을 할 경우엔 할머니가 아이를 무조건적으로 감싸주지 않습니다.

04 | 교육 문제는 항상 의논하기로 합니다. 학습지 하나를 받아보더라도 두 사람의 상의 끝에 이루어지도록 합니다.

05 | 할머니는 아이들이 스스로 할 수 있는 것까지 도와주지 않도록 조심합니다. 예를 들어 혼자 옷을 입거나 먹을 수 있는데 아이를 지나치게 보살펴주는 것은 피하도록 합니다. 아이의 자립심을 키우기 위해서 꼭 필요한 일입니다.

06 | 서로 의견이 다르더라도 아이 앞에서는 논의하지 않습니다. 할머니와 엄마의 방침이 다른 것을 아이가 눈치채면 중심을 잡기 힘들어집니다.

할머니와 엄마의 대화는
아이에게 안정감을 줍니다

엄마는 아이의 양육에 대한 모든 권한과 책임을 가진 감독입니다. 그리고 할머니는 아이를 지도하고 가르치는 코치입니다. 즉, 할머니와 엄마는 서로의 의견을 충분히 전달하고 받아들일 필요가 있다는 말입니다.

사실 할머니만 엄마의 눈치를 보는 것은 아닙니다. 엄마도 할머니의 눈치를 보게 되지요. 더군다나 엄마는 할머니에게 아이를 맡길 수밖에 없는 상황이니 고맙고 죄송스러운 마음까지 가지고 있을 겁니다. 그런 엄마이기 때문에 할머니의 양육 방식이 마음에 들지 않아도 참고 넘어가는 부분도 있겠지요. 또, 이런저런 점은 개선했으면 좋겠다고 생각하면서도 어떻게 말해야 할지 몰라 혼자 가슴앓이를 할 수도 있습니다.

그래서 대화가 필요합니다. 하지만 할머니와 엄마가 대화를 하는 분위기를 만드는 게 그리 쉬운 일은 아니죠. 평상시에도 대화를 많이 하는 분위기가 이미 조성되어 있다면 얼마나 좋겠습니까. 하지만 대부분의 사람들은 친구에게 말하는 속내를 막상 자기 가족에게는 말하지 못합니다. 대화가 필요하다는 걸 몰라서 대화를 하지 않는 게 아니라, 어떻게 말문을 열어야 하는지 몰라서 대화를 못하는 겁니다. 하지만 분명한 건 할머니와 엄마의 소통이 원활하지 않으면 그 피해는 고스란히 아이에게 가게 됩니다.

그렇다면 어떻게 대화를 하면 좋을까요?

일단 대화할 수 있는 분위기를 만들어야 합니다. 저의 경우엔 제가 먼저 대화를 요청하는 편입니다. 다과상을 준비해두고 딸에게 차를 한잔 마시자고 권하죠. 딸과 차를 마시며 이런저런 이야기를 도란도란 나눕니다. 저는 주로 아이를 키우면서 얻게 된 즐거움을 말하는 편입니다. 서로 편안하게 대화할 수 있는 분위기를 조성하기 위해서죠. 그런 다음 딸에게 말합니다. 양육의 모든 중심은 딸에게 있다고요. 저는 코치처럼 이러저러한 일을 실행에 옮길 수는 있지만, 장기적인 계획뿐 아니라 단기적인 계획도 딸의 권한 안에 있는 일이라는 걸 말해줍니다. 그러곤 딸의 계획을 들어보죠.

딸이 계획한 일과 저의 양육 방식이 일치한다면 더할 나위 없이 좋은 일이겠죠. 하지만 아무리 부모 자식 간이라도 모든 게 완벽하게 일치할 수는 없습니다. 그래서 저는 딸에게 저의 양육 방식이 마음에 드는지, 혹시 마음에 들지 않는다면 어떤 부분인지, 수정할 부분이 있다면 무엇인지 등을 기탄없이 물어봅니다. 그리고 그렇게 수정할 부분을 들었을 때 섭섭한 마음을 가지지 않습니다. 아무리 경청할 자세가 되어 있다 해도 사람이다 보니 지적을 당하면 마음이 안 좋을 수도 있습니다. 저 역시 처음엔 그랬으니까요. '나는 한다고 했는데 내 딸은 왜 이걸 고치라고 하는 것일까' 이런 생각에 속상한 마음이 먼저 들기도 했습니다. 하지만 그때마다 한 가지만 생각했습니다.

'내가 어떻게 해야 우리 송이에게 더 도움이 될 수 있을까.'

아이의 엄마와 상의를 하는 목적은 아이의 양육을 좀 더 바람직한 방향으로 나아가게 하기 위해서입니다. 아이를 생각한다면 할머니랍시고 쓸데없는 고집을 피울 이유가 없어요. 당연히 아이 엄마의 요청을 섭섭하게 생각할 이유도 없습니다. 따라서 아이의 양육에 관한 주제로 아이 엄마와 상의를 할 때 감정적인 대응은 지양해야 합니다. 물론 감정을 조절하는 게 쉬운 일은 아닙니다. 하지만 조금 전에도 말했듯 대화의 중심을 '아이에게 더 좋은 방법을 함께 찾아나가기'에 둔다면 좀 더 담대하게 딸이나 며느리의 의견을 경청할 수 있을 겁니다.

반대로 할머니에게 육아를 맡긴 엄마들 중엔 '혹여 섭섭하게 생각하시면 어쩌나' '괜히 마음 상하게 하는 건 아닐까' '어른에게 이렇게 말해도 되나' 등등을 고민하느라 속병을 앓는 이들이 꽤 있을 겁니다. 특히 시어머니에게 아이를 맡긴 엄마는 더하겠지요. 자기 엄마에게도 안 좋은 말은 하기 힘든데 시어머니는 오죽 어렵겠습니까.

자연스럽게 대화 분위기를 만드는 일도 만만치 않겠지요. 이럴 경우엔 아예 대화의 시간을 정하는 것도 한 방법입니다. 일주일에 한두 번 정도 아이의 양육을 위한 대화의 시간을 가지기로 약속을 하는 거지요. 처음엔 어려울 수 있지만 일단 한번 시도해보세요. 그러면 그 시간만큼은 서로의 동의하에 아이의 양육에 관한 이런저런 이야기를 나눌 수가 있을 겁니다.

잊지 마세요. 이런 대화는 아이의 양육을 위해서 시작했다는 것을요. 서로의 기싸움이나 주도권을 잡기 위해서 하는 대화는 그저 소모전일 뿐입니다. 아이에게 어떻게 하면 좋은 환경을 만들어줄 것인가만 생각하세요.

01 | 일주일이나 이 주일에 한 번은 꼭 대화의 시간을 가집니다.

02 | 서로의 생각을 기탄없이 말합니다.

03 | 언제나 아이의 행복이 대화의 중심에 있어야 합니다.

04 | 서로의 자존심을 긁는 말은 지양합니다.

05 | 서로의 육아관을 존중합니다.

06 | 서로의 노고에 항상 감사하다는 말을 잊지 않습니다.

다름을 인정하고 배려하는 마음

시어머니에게 육아를 맡긴 며느리나 친정어머니에게 육아를 맡긴 딸이나 기본적으로는 어른들에게 미안하고 고마운 마음을 가지고 있습니다. 하지만 점차 시간이 지나면서 불만이 생기고, 그것이 쌓여 큰 문제를 낳게 됩니다.

육아를 맡은 할머니 쪽도 마찬가지입니다. 처음엔 며느리나 딸이 마음 놓고 일을 할 수 있도록 아이를 잘 키워보려 했지만 섭섭한 마음이 생기고, 그것이 쌓여 또 큰 문제를 낳습니다. 서로의 문제가 부딪히니 갈등이 밖으로 드러날 수밖에 없습니다. 한번 드러나기 시작한 갈등은 할머니와 엄마의 대립으로 이어지기도 하지요. 그래서 아이를 중간에 두고 일종의 힘겨루기 싸움으로 변질이 되기도 합니다.

사실 이 같은 상황은 할머니가 육아를 맡은 가정에서는 흔한 일입니다. 할머니와 엄마는 살아온 인생이 다르고, 세대가 다르고, 가치관이 다르기 때문이죠. 저는 바로 이 다름을 인정했습니다. 만약 제가 딸과 다르지 않다고 여겼다면 사소한 일에도 섭섭함을 느꼈을 겁니다. '어, 왜 저렇게 생각하지? 왜 이렇게 말을 하지?' 하면서요. 하지만 애당초 딸과 나는 다른 사람입니다. 육아에 대한 견해도 다를 수밖에 없겠지요. 다르기 때문에 대화가 필요하고 다르기 때문에 조정을 해야 하는 겁니다. 그리고 다르기 때문에 일정한 규칙을 정하고 그것을 지켜나갈 필요가 있는 겁니다.

저는 송이를 맡아 키우면서 저 자신과 몇 가지 약속을 했습니다. 아이를 키우다 보면 여러 가지 문제가 생길 수 있다는 걸 이미 알고 있었기 때문입니다. 그래서 처음 약속한 것이 '다름을 인정하자'였습니다. 딸과 내가 다름을 인정하면 그 다음에 내가 할 약속들도 자연스럽게 만들어집니다.

1. 딸과 내가 다르다는 것을 인정하자.
2. 다르기 때문에 상대방의 말을 귀담아 듣자.
3. 딸의 입장을 존중하자.
4. 나의 생각을 딸에게 솔직하게 전달하자.

이 같은 약속을 딸에게도 보여주었습니다. 한 사람만 지켜서 될 약속은 아니니까요. 서로가 다르다는 걸 인정하고, 서로의 이야기를 귀담아 듣고, 서로에게 솔직하게 이야기를 하면 해결되지 못할 문제는 없습니다. 이러한 자세에서 가장 중요한 것은 다름 아닌 바로 '배려'입니다.

우리 딸은 곧잘 제게 이렇게 말합니다.

"엄마, 최서방(송이 아빠)이 엄마 아빠께 너무 감사하대. 지금은 학생이지만 나중에 자리 잡으면 정말 정말 잘할게."

제가 송이를 돌보는 것에 대한 고마움과 미안함을 표현하는 것이죠. 사실, 나중에 잘하고 못하고는 중요하지 않습니다. 딸과 사위가 이런 마음을 가지고 있는 것만으로도 고마운 일이죠.

"혜림아, 너희는 이미 많은 것을 줬어. 앞으로 받는 것은 보너스야."

저는 또 저 나름대로 고마움을 표현합니다. 내 딸과 결혼한 사위도 고맙고, 예쁜 손녀를 낳은 딸도 고맙습니다. 그리고 송이를 키우면서 느끼는 행복은 우리 딸 부부가 제게 준 가장 큰 선물이죠.

미안하고 고마워하는 마음이 있으면 상대방을 배려하게 됩니다. 그리고 배려하는 마음이 있으면 자연스럽게 서로의 말에 귀를 기울이게 되지요. 그래서 대화의 기술에서 가장 중요한 것이 배려가 아닐까요.

경험을
무기로 삼지 마세요

할머니가 초보 엄마들보다 육아에서 발휘할 수 있는 가장 큰 장점은 아이를 키운 경험이 있다는 것이지요. 저 역시 제 아이들을 키워본 경험이 있기 때문에 송이를 키우는 것에 큰 어려움은 없었습니다. 오히려 경험을 바탕으로 예전에 했던 실수를 반복하지 않을 수 있었습니다.

내 아이를 키울 때는 아이의 잘못된 습관을 고치기 위해 화를 내거나, 설득하거나, 매를 드는 등의 방법을 다 동원해보았습니다. 그러다 감정에 치우쳐 아이를 대하면 안 된다는 걸 깨닫기도 했었죠. 그런데 손녀 송이의 경우엔 온갖 방법을 다 시도해볼 필요가 없었습니다. 예전의 경험을 살려 어떻게 해야 하는지 이미 알고 있었으니까요. 송이가 열이 나거나 상처가 났을 때도 제 아이들을 키울 때보다 응급처치가 빨랐습니다. 아이들이 자라면서 한두 번쯤은 겪게 되는 웬만한 일들은 이미 경험한 일이기에 당황하지 않고 적절하게 대처를 할 수 있었죠. 하지만 이 장점은 때로 독이 될 때도 있습니다. 경험을 통해 얻은 자신의 지식만 옳다고 생각해버리기도 하니까요. 경험을 통한 지식은 어떤 말로도 바꿀 수 없는 힘을 가지고 있습니다. 때문에 엄마가 지금의 육아 환경에 대해 수십 번을 말해도 할머니는 귀담아 듣지 않으려고 합니다. 그래서 자신도 모르게 '내가 아이들을 키울 때 이렇게 해봤지만 아무 문제가 없었다' 같은 말을 하게 됩니다.

솔직하게 고백하자면 송이를 맡았던 초기에 저도 이 같은 말을 딸에게 몇 번 했었습니다. 특히 먹는 것이나 입는 것에 관해서는 예전의 양육 방식을 고스란히 견지하고자 했습니다. 예를 들면, 예전에는 짠 음식에 대해 그다지 신경을 쓰지 않았습니다. 시어른을 모시고 살다 보니 아이들 입맛보다는 어른들 입맛에 맞는 음식 위주로 식단을 짰기 때문이죠. 소금이나 간장이 많이 들어간 국이나 찌개가 밥상 위에 올라가는 일이 많아도 아이들의 건강에 좋지 않다는 걸 생각할 여유도 없었습니다. 그리고 실제로 아무 문제도 없었습니다. 그래서 송이에게도 자연스럽게 어른들이 먹는 국이나 찌개를 먹이곤 했습니다. 그런데 어느 날 딸이 저에게 그러더군요.

"엄마, 이 국은 송이가 먹기엔 좀 짠 게 아닐까?"

순간 기분이 좋지 않았습니다. 아이가 먹는 음식이라 정성을 다해 만들었는데 불평을 듣는 느낌이 들었으니까요.

"너희들 키울 때도 다 이렇게 해서 먹였다."

결국 저는 이렇게 말해버리고 말았습니다. 그러곤 뒤이어 아이들이 좋아하는 음식 위주로 식단을 짜면 입이 짧아진다거나 조금 짜거나 매운 것을 먹어도 그다지 큰 문제가 아니라는 등등의 이야기를 조금은 길게 말했습니다.

송이 엄마는 일단 제 말을 경청했습니다. 중간에 말을 끊거나 자기 의견을 무작정 밀고 들어오지 않더군요. 평소에도 딸은 경험에서 우러나온 지식은 어떤 책에서도 찾을 수 없는 고급 정보라는 것을 인정해주었습니다. 때문에 딸은 자신과 의견이 다를 때 자기 고집을 내세우기보다는 일단 제 의견을 먼저 경청해주는 편이었습니다. 그러한 자세는 반대로 제가 딸의 이야기를 경청하게 되는 효과도 있습니다. 내 이야기를 들어주었으니 나도 딸의 이야기를 들어주어야겠구나, 하는 생각이 들기 때문이죠.

"응, 그렇긴 해. 엄마 말대로 오빠나 내가 입이 짧지 않고 무엇이든 잘 먹는 사람으로 컸으니까. 하지만 짠 음식은 아이의 성장을 방해한다고 하더라고. 아, 기다려봐. 내가 어제 읽은 책에서 이런 내용을 봤거든."

딸은 그렇게 말한 후 방으로 들어가 한 권의 책을 가져왔습니다. 아이들이 먹을 음식과 관련된 책이었죠. 딸이 펼친 부분에는 성장기 아이들이 나트륨을 과다 섭취할 경우 그것이 몸속의 칼슘을 배출시켜 뼈 건강에도 악영향을 끼칠 뿐 아니라 성장을 방해한다는 내용이 있었습니다. 그렇게 책까지 보니 정말 조심해야겠다는 생각이 들더군요.

"정말 그러네."

딸의 말을 못 믿은 것은 아니었지만 직접 책을 보니 더 실감이 났습니다. 그리고 또 한 번 책의 내용을 빌려 설득을 한 딸에게 감탄했습니다.

사실 그때뿐만 아니라 딸은 곧잘 육아 서적에 나와 있는 내용을 인용해 설명해주거나 직접 책을 펼쳐 그 부분을 보여주기도 했습니다. 딸이 감정적으로 대응하지 않고 이러저러한 자료를 제게 주며 설득을 하면 저는 자연스럽게 귀를 기울이게 됩니다. 제가 생각하기엔 이런 방법은 참 지혜로운 방법인 것 같습니다.

어쨌든 몇 번 이런 상황을 겪고 보니 저와 딸이 각각 조심해야 할 부분이 무엇인지 알아차리게 되었습니다. 저의 경우에는 경험을 무기로 삼지 않는 것이고 딸은 저의 경험에 의한 지식을 무조건 부정하지 않는 것이지요.

자녀를 키울 때보다 손주를 키우는 지금의 육아 환경은 엄청나게 달라져 있습니다. 예전의 육아법만으로 지금의 현실을 따라갈 수 없습니다. 아이들의 교육 문제에서는 특히 이 차이가 더 극명하게 벌어져 있죠. 아이들의 교육 문제에서는 더더욱 신세대 엄마의 의견을 귀담아 들을 필요가 있습니다. 예전의 경험으로는 현재의 교육 수준을 따라갈 수가 없기 때문입니다.

흔히들 할머니 손에서 자란 아이는 엄마 손에서 자란 아이에 비해 교육 부분에서 뒤처진다고들 합니다. 엄마만큼이나 최신 정보를 모르고 엄마처럼 아이에게 세세히 가르쳐줄 수 없기 때문이죠. 하지만 시대가 변한만큼 오늘날의 할머니들도 예전의 할머니들과 다릅니다. 교육에 있어서도 엄마만큼이나 앞서나갈 수 있습니다. 그럴 마음만 있다면 말입니다. 그러니 어렵다고 생각하지 마세요. 어렵다고 생각하면 더 어려워지는 법입니다. 차라리 이렇게 생각하는 것은 어떨까요? 육아는 힘들고 어려운 것이 아니라 딸이나 며느리와 함께 많은 것을 배워나가는 과정이라고 말이죠.

오늘날은 100세 시대라고 합니다. 의학과 기술의 발전으로 인간의 수명은 날로 늘어나고 있습니다. 이는 할머니들도 그만큼 많은 일을 할 수 있다는 것을 의미합니다. 또한 새로운 일을 시도할 수 있는 기회도 많아졌다는 거고요.

저는 손녀의 양육도 부모를 대신해 어쩔 수 없이 맡아야 하는 일이 아니라 아주 긴 인생에서 제게 새롭게 주어진 일이라고 생각합니다. 또한, 많은 것을 배울 수 있는 기회이기도 하고요. 아이를 공부시키기 위해 책을 읽었지만 돌이켜보면 그 또한 전부 제 공부가 되기도 했습니다. 그리고 지금 시대에 맞는 양육법을 찾는 과정에서 시대에 뒤처진 할머니의 자리를 벗어날 수도 있었습니다.

저는 이러한 상황을 몹시 즐겼습니다. 그리고 저뿐만이 아니라 다른 할머니들도 손주 양육을 통해 이와 같은 즐거움을 얻을 수 있으리라 생각합니다. 손주의 양육을 통해 할머니들도 얼마든지 성장할 수 있다는 걸 제가 경험했기 때문입니다.

할머니에게 양육을 맡긴다고 해도
엄마의 역할은 필요해요

할머니에게 양육을 맡겼다고 엄마가 두 손 두 발 다 놓으면 곤란하겠지요. 할머니를 믿는 것도 좋지만 엄마가 해야 하는 역할은 따로 있는 거랍니다. 신세대 교육에 대한 정보를 찾아주는 등의 기술적인 측면만 말하는 것이 아닙니다. 아이가 엄마의 사랑과 관심을 충분히 느낄 수 있어야 합니다. 아이들은 할머니의 사랑만으로 만족하지 못합니다. 아이가 엄마의 사랑도 충분히 느낄 수 있게 바쁜 시간을 쪼개서라도 동화책을 읽어주거나 놀아주세요. 엄마와의 올바른 애착 관계 형성은 이 시기뿐이라는 걸 잊지 마세요.

할머니도
신세대 교육을
할 수 있어요

육아서를
다시 읽어요

송이를 맡아 키우기로 한 후 제가 가장 먼저 구입한 책은 육아서였습니다. 예전에 우리 아이들을 키울 때에도 육아서를 읽고 많은 도움을 받았었습니다. 그땐 초보 엄마여서 모르는 게 한두 가지가 아니었습니다. 이젠 엄마로서 일종의 전문가가 되어 아이의 양육에 관해 모르는 것이 없습니다. 그런데도 저는 육아서부터 구입했지요. 그 이유는 간단합니다. 제가 아이를 키울 때와 지금의 시대가 엄청나게 많이 달라졌기 때문입니다. 아이 양육법의 기본은 크게 달라지지 않았겠지만 지금 시대에 걸맞는 육아를 하자면 아무래도 공부가 필요했습니다.

단행본으로 나온 육아서들도 읽었지만 매달 정기적으로 구독해서 본 육아 잡지와 육아 신문도 있습니다. 잡지나 신문은 아무래도 발 빠른 정보를 제공하기 때문에 책과는 다른 장점이 있었습니다. 영·유아들의 건강 챙기기, 옷 입히기, 제대로 된 먹을거리 구입하기 등등 이런 것들은 빠른 정보가 제일 관건이기 때문입니다. 또한 육아와 관련된 각종 강좌나 행사에 대한 소식도 접할 수 있었습니다.

육아서는 단지 육아법에 대한 이야기만 있는 것이 아닙니다. 가족들과의 관계를 어떻게 풀어나가야 하는지, 가족들은 어떻게 도와야 하는지 등등의 이야기들도 있습니다. 이런저런 육아서를 읽다 보니 문득 이런 생각이 들더군요.

'육아서는 사람에 관한 이야기구나.'

새 생명으로 태어난 아이가 건강하게 자라기 위해 때가 되면 맞아야 하는 예방주사에 대한 정보, 올바르게 성장하기 위해 개월 수에 따라 달라지는 먹을거리에 대한 정보, 아이의 피부에 좋은 옷에 대한 정보, 부모와 아이의 관계를 바람직하게 형성하는 데 필요한 정보, 아이를 둘러싼 가족들의 관계를 개선하기 위한 정보 등등은 꼭 육아가 아니어도 필요한 정보들이지요. 건강한 생활, 올바른 인간관계와 같은 덕목들은 우리가 사는 내내 배워야 하는 것이니까요.

그래서 육아 서적을 읽는 재미가 쏠쏠했습니다. 옛날엔 이러했는데 오늘날은 이러하구나 같은 비교도 되었고요. 제가 아이를 키울 땐 친환경 장난감 같은 개념 자체가 없었습니다. 하지만 오늘날 부모들은 장난감 하나를 구입하더라도 유해 물질이 있는 것인지 없는 것인지 깐깐하게 고른다는 것도 저에겐 재미있게 다가왔습니다.

'세상이 참 많이 달라졌구나.'

그리고 앞으로 제가 배워야 할 것이 더 많다는 생각도 들었죠.

책 속에 길이 있다고 하지요? 육아도 마찬가지였습니다. 육아를 맡은 할머니라면 자신의 경험만을 믿기보다는 육아 서적을 찾아 읽어보는 것은 어떨까요? 그리고 할머니에게 육아를 맡긴 엄마라면 육아 서적이나 육아 잡지, 육아 신문 등을 구입해 드려보는 것은 어떨까요? 단, 서로 충분한 대화가 오고간 후에 육아서나 잡지를 공유하는 것이 필요합니다. 그렇지 않으면 오해가 생길 수도 있으니까요.

정보화 사회라고 합니다. 육아도 마찬가지입니다. 얼마나 많은 정보를 접하느냐에 따라 할머니의 신세대 육아가 결정됩니다.

손주 교육,
어디까지 가능할까요?

저는 송이를 맡는 순간부터 손녀가 자라는 데 꼭 필요한 할머니가 되기로 마음먹었습니다. 이왕에 돌볼 거면 정말 잘 돌보고 싶었죠. 농사 중의 으뜸은 자식 농사라고 합니다. 그저 입히고 먹인다고 자식 농사를 잘하는 것이 아니죠. 뿌린 대로 거두는 것처럼 자식 농사에서도 양질의 교육이 필요합니다. 양질의 교육은 비싼 돈 들여 아이를 가르치는 것을 의미하는 것이 아닙니다. 좋은 교육이 어디 돈으로만 되는 것이겠습니까.

가장 좋은 교육은 부모에게서 시작됩니다. 그러니 아이의 양육을 맡은 할머니도 가장 좋은 교육을 시도해볼 수 있지요.

손주 교육에 적극 참여하기로 마음을 먹었다면 아이의 엄마에게도 동의를 구해야 합니다. 사실 손주 양육에서 가장 헷갈리는 부분은 할머니가 어디까지 관여할 수 있는지 그 적정선을 정하는 것입니다. 교육에 있어서도 마찬가지입니다.

저는 송이와 가장 많은 시간을 보내는 사람이었습니다. 때문에 한글부터 수학, 영어까지 제가 가르칠 수 있는 것들은 다 가르치려고 노력을 했습니다.

송이 엄마의 역할은 전체적인 파악을 하는 것이었습니다. 또한 송이에게 필요한 물건을 적절하게 구입해주는 역할도 맡고 있었습니다. 본인 공부만으로도 바쁠 텐데 짬을 내어 송이에게 동화책을 읽어주는 일도 잊지 않았습니다. 송이를 데리고 야외로 여행하는 것도, 주말이나 방학에 송이가 해야 할 일을 계획하는 것도 엄마의 몫이었습니다.

그리고 송이 아빠는 서울에서 공부를 하던 시기에도 주말에 집으로 오면 동화책을 읽어주었습니다. 송이는 동화책을 읽어주는 아빠의 목소리를 굉장히 좋아해 아빠가 내려온다는 소식을 들으면 목 빠지게 기다리곤 했지요.

사실 온 가족이 송이를 중심으로 자연스럽게 움직였습니다. 꼭 의논을 하지 않아도 송이의 교육을 위해 각자 무엇을 해야 하는지 잘 알고 있었습니다.

온 가족이 아이의 교육에 관심이 크더라도 할머니가 교육에 적극 참여하기로 마음먹었다면 엄마와 계속해서 상의를 하는 과정이 꼭 필요합니다. 최신 육아 지식이나 신세대 교육 등의 정보력을 얻기 위해서 말이죠. 그리고 할머니 스스로도 교육 관련 정보를 모아야 합니다. 저는 이두 가지 방법을 적절하게 사용했습니다. 송이의 교육에 도움이 되고자마음을 먹었기 때문에 제가 동원할 수 있는 방법을 다 해보기로 했습니다. 그러다 보니 각 지역의 구청에서 할머니를 대상으로 신세대 육아 지원을 하는 육아 교실 프로그램을 운영하고 있다는 것도 알게 되었습니다. 열 가구 중 여섯 가구 이상의 가구에서 할머니가 아이들의 양육을 맡고 있는 것이 지금의 현실이라고 합니다. 이러한 추세에 발맞춰 할머니 육아 교실도 성행하고 있는 거고요. 그리고 주택 또는 단지 내에 조성된 커뮤니티를 통해 교육 관련 정보를 꾸준히 모으기도 했습니다. 한글 깨치기, 수리 교육 등 다양한 서비스가 구비되어 있어 아이의 교육에 많은 도움이 되었습니다. 노인복지관, 인력개발센터 등에서 실시하는 노인 일자리 교육 사업 중에도 육아와 관련된 것이 많습니다. 이처럼 관심만 있다면 할머니도 아이의 교육을 신세대 엄마처럼 할 수 있습니다.

1. 할머니 육아 교실

각 구청에서는 어린아이의 육아를 맡은 할머니 할아버지를 위한 육아 교실을 열고 있습니다. 아이들을 돌본 지 오래되어 육아에 대해 두려움이 있거나 손주라서 더 부담이 되거나 신세대 교육법을 배우려는 할머니 할아버지들에게 유용한 정보를 제공하기 위해서 만들어진 프로그램입니다. 대부분의 육아 교실에서는 모유 수유 요령이나 응급처치 방법, 아기 목욕뿐 아니라 영·유아 발달에 적합한 연령별 놀이나 교육법에 관한 정보도 제공하고 있습니다. 또한 할머니 할아버지가 육아를 맡았을 경우 가족 간에 일어날 수 있는 갈등 상황에서 올바르게 대처하는 법이나 할머니 할아버지가 스스로 건강을 챙기는 방법까지도 교육 내용에 포함시키고 있습니다.

각 구청마다 강의 내용에 차이가 있지만 할머니 육아 교실은 궁극적으로 어르신들이 손자 손녀를 잘 키울 수 있도록 도움을 주고자 만들어진 프로그램입니다. 이러한 프로그램에 참여하고 싶다면 본인이 거주하는 곳의 구청에 전화를 걸어 프로그램의 시간, 교육 내용 등을 알아보는 것도 한 방법입니다.

2. 자녀 교육 강좌

엄마들을 위해 마련된 자녀 교육 강좌 프로그램을 찾아서 듣는 것도 한 방법입니다. '할머니 육아'가 주 내용은 아니지만 어차피 엄마들이 올바르게 아이를 키울 수 있도록 도움을 주는 교육 프로그램이니 할머니들이 들어도 무방합니다. 이러한 강좌는 인터넷 검색을 통해 정보를 얻을 수 있습니다. 할머니가 인터넷을 활용하지 못한다면 엄마가 정보를 찾아 제공을 해주는 것도 한 방법일 겁니다. 하지만 이왕이면 할머니 스스로 인터넷을 적극적으로 활용하는 것이 좋겠지요. 아무래도 모든 것을 엄마가 찾아서 정보를 주는 것에는 한계가 있을 테니까요. 해보면 알겠지만 인터넷을 활용하는 건 전혀 어렵지 않습니다. 오히려 너무 간단해서 이제까지 이걸 왜 안 하고 있었나, 하는 생각을 하실 수도 있습니다. 아이 엄마에게 인터넷을 가르쳐달라고 해보세요. 인터넷을 클릭해 원하는 자료를 검색하는 게 생각보다 쉽고 간편하다는 걸 알게 될 겁니다.

저는 정말 많은 할머니들이 인터넷을 자유롭게 활용할 수 있기를 바랍니다. 단순히 손주의 교육에 도움이 되기 때문은 아닙니다. 인터넷을 사용하면 할머니의 세상도 확장됩니다. 이를테면, 각종 뉴스를 검색해 세상 돌아가는 일도 빠르게 알 수 있고, 각종 카페에 가입해 필요한 정보를 찾거나 많은 사람들과 소통할 수도 있지요. 미국에서 장년층을 대상으로 한 연구에서는 '인터넷 서칭은 복합적인 두뇌 활동과 연결되며 두뇌의 운동과 기능을 증진시켜 치매 예방에도 도움이 된다'는 결과를 내놓기도 했습니다. 그러니 손주의 교육뿐 아니라 자기 자신을 위해서라도 인터넷을 배워보는 것은 어떨까요?

3. 노인 일자리 교육 사업

많은 복지관에서 노인 일자리 교육 사업을 운영하고 있습니다. 이 사업은 노인들의 전문적인 특성을 강화시켜 일자리를 제공하는 것에 목적이 있습니다. 그중에는 육아도우미 교육도 있습니다. 육아도우미 교육은 육아 분야에 관한 전문 강사를 초빙해 일자리를 구하는 노인들에게 강의를 하는 프로그램입니다. 손자 손녀를 보다 전문적으로 키우고 싶은 할머니들에게도 많은 도움이 되는 프로그램입니다.

재미있는
놀이로 시작해요

아이의 교육은 단거리 달리기가 아니라 장거리 달리기입니다. 조바심을 낼 필요가 없습니다. 조바심은 억지로 공부를 시키거나 학습량을 늘리는 등의 행동을 유발하게 됩니다. 그리고 이러한 행동은 아이에게 공부에 대한 거부감을 일으키기 십상이죠. 한번 거부감이 일면 흥미를 느끼기가 힘이 듭니다.

저는 송이에게 영어를 가르칠 때 흥미를 느끼게 하는 것에 제일 먼저 주목했습니다. 아이가 흥미를 느끼려면 일단 재미있어야 하겠죠? 그러려면 누군가 시켜서 억지로 하는 것 같은 상황을 만들어서는 안 됩니다. 하물며 어른도 누군가가 이거 해라, 저거 해라라고 하면 하기가 싫어지는데 아이들은 오죽할까요. 때문에 아이에게 무언가를 가르치고 싶다면 그것을 하게끔 환경을 만들어주는 것이 우선입니다.

아이들은 노는 것을 좋아합니다. 아주 자연스러운 일이죠. 어른들은 아이의 그런 속성을 이해하고 받아들이면 됩니다. 우리 아이가 왜 노는 것만 좋아하지? 왜 공부를 하지 않지? 이렇게 걱정하기보다 아이니까 당연히 노는 것을 좋아하는 거라고 생각해보세요. 그러면 답이 나옵니다. 특히 영·유아일 경우엔 더 하겠죠. 아이의 놀이를 이왕이면 학습 효과로 이어지게 연결하면 됩니다.

우리 송이가 한글을 배울 시기가 왔을 때 저는 송이에게 한글을 가르치려 애를 쓰지 않았습니다. 자연스럽게 글자를 접하도록 만들었죠. 제가 주로 사용한 방법은 '글자 밥상 놀이' '글자 김밥 말이 놀이' '기억력 놀이'였습니다.

1. 글자 밥상 놀이

아이가 글을 배울 연령이 되었다면 먼저 아이가 볼 수 있는 곳에 글자를 적어두는 것이 좋습니다. 저는 다 먹은 우유팩을 놀이 학습에 사용했습니다. 그 방법은 이렇습니다.

① 다 먹은 우유팩을 깨끗하게 씻는다.

② 물기가 없이 말린다.

③ 우유팩을 네모로 잘라 카드로 만든다.

④ 카드에다 '김' '김치' '달걀' 등의 단어를 쓴다.

⑤ 밥상 위에 올라온 반찬들마다 그 이름에 맞는 글자 카드를 보여준다.

송이가 밥을 먹을 때마다 송이가 먹고 있는 메뉴를 글자로 적어서 상위에 올려두었습니다. 그럼 송이는 글자를 익히면서 밥을 먹습니다. 밥을 다 먹은 뒤에는 메뉴판을 보여주듯 'Coca Cola'(코카콜라)와 'Juice(주스)'가 쓰여 있는 글자 카드 두 개를 내밀기도 합니다. 그러면 송이는 자기가 먹고 싶은 것을 선택하죠. 이런 놀이를 몇 번 반복한 어느 날이었습니다.

"할머니, 이거."

싱크대에서 설거지를 하고 있는 내게 송이가 다가오더니 글자 카드 한 장을 불쑥 내밀더군요. 카드에는 'Milk(우유)'가 쓰여 있었습니다.

"우유가 마시고 싶다고?"

송이의 의중을 파악하고 물었습니다.

"응, 밀크."

송이는 카드의 단어를 그대로 말했습니다. 그 이후에도 송이는 자신이 먹고 싶은 게 있으면 글자 카드를 찾아 저에게 내밀더군요. 그러면서 낯선 단어들을 하나둘씩 익혀가는 게 어찌나 신기하고 대견한지 너무 기특했습니다.

글자 밥상 놀이가 익숙해질 즈음엔 다른 사물에도 같은 방법을 써보았습니다. 이를테면, '초'의 글자 카드를 만들어 촛불을 켜고 생일 축하 노래를 불러주거나 '솔'의 글자 카드를 만들어 집안의 온갖 솔을 다 꺼내 보여주는 식이었죠.

이 같은 방법은 글자만 보는 것이 아니기 때문에 아이의 기억에 더 빨리 더 정확하게 각인됩니다. 직접 먹고, 보고, 듣고, 만지면서 갖가지 사물의 쓰임새가 어떤 것인지 자연스럽게 이해를 합니다. 무엇보다 중요한 것은 이런 놀이를 하게 되면 아이가 자연스럽게 능동적인 자세로 임한다는 겁니다. 음식이든 사물이든 그에 걸맞는 글자 카드가 어떤 것인지 호기심을 가지고 있으니 궁금한 건 그때그때 만들어달라고 하지요.

시중에서 파는 글자 카드가 있을 겁니다. 하지만 그러한 카드는 단어가 한정되어 있습니다. 집에서 아이와 함께 직접 만들면 모든 단어를 글자 카드에 담을 수 있습니다. 또, 만드는 과정 자체를 함께하는 것만으로도 아이는 굉장히 재미있어 합니다.

2. 글자 김밥 말이 놀이

송이와 저는 '글자 김밥 말이' 놀이도 곧잘 했습니다. '김밥 말이'로 표현했지만 사실 글자 말이 놀이의 종류는 다양합니다. 채소 글자 말이, 과일 글자 말이, 동물 글자 말이, 곤충 글자 말이, 옷 글자 말이(옷은 종류에 따라 티셔츠 글자 말이, 청바지 글자 말이 식으로 얼마든지 변형이 가능합니다), 신발 글자 말이 등이 있어요. 옷과 마찬가지로 신발도 종류에 따라 운동화 글자 말이, 구두 글자 말이 등으로 변형시킬 수 있습니다.

| 채소 글자 김밥 말이 |

① A4 용지를 가로로 잘라둡니다.

② 가로로 자른 종이에 채소를 종류대로, 각각의 색깔에 맞추어서 씁니다.

　　한글일 경우) 당근 – 주황색, 오이 – 녹색

　　영어일 경우) a carrot – an orange color, a cucumber – green color

③ 다른 A4 용지 위에 잘라둔 채소 종이를 올린 뒤 둘둘 말아줍니다.

④ 아이에게 마음대로 자르게 합니다. 이때, 일정하지 않게 잘라도 상관없으니 아이 마음이 가는대로 자르게 합니다.

⑤ 둘둘 만 상태로 자른 것에서 조각난 글자를 색깔별로 맞추게 합니다.

⑥ 아이가 직접 맞춘 글자를 읽어보게 합니다.

⑦ 각각의 채소를 먹는 흉내도 내어봅니다.

송이는 스스로 오리기도 하고 글자를 맞추는 과정을 몹시 신기해하고 재미있어 했습니다. 놀면서 자연스럽게 글자를 배울 뿐 아니라 아이의 손가락 근육을 사용하는 데에도 많은 도움이 되었습니다.

3. 기억력 카드 놀이

기억력 놀이는 송이의 기억력을 높이기 위해 사용한 카드 놀이입니다. 똑같은 그림이나 글자가 두 장씩 있는 카드를 아무렇게나 섞어둔 뒤 한 장씩 펼쳐보고 짝을 찾아주는 겁니다. 이 놀이는 두 사람 이상이 누가 더 많이 카드의 짝을 찾아내는지 시합을 할 수도 있습니다. 송이는 시합 놀이를 재미있어 했습니다. 기존의 카드를 사용해도 되지만 글자 밥상 놀이에 사용한 카드를 하나씩 더 만들어 활용해도 재미있습니다.

① 똑같은 카드가 두 개씩 들어 있는 카드를 바닥이나 상 위에 섞어둡니다. 그림이나 글이 보이지 않는 뒷면이 위로 오게요.

② 엄마와 아이는 번갈아 가며 카드를 두 장씩 펼쳐봅니다. 처음부터 운이 좋게 짝이 맞으면 그 카드를 가져가면 되지만 그렇지 않을 경우 자기가 펼

친 카드의 그림이나 글자를 기억해둡니다.

③ 처음에 펼친 카드가 이전에 펼쳤던 카드의 그림과 일치하고, 그 그림이 있는 카드를 기억해내면 짝을 찾아줍니다.

④ 엄마와 아이가 번갈아가며 카드를 펼치고, 일치한 그림을 찾다보면 바닥에 흩어져 있는 카드는 점차 줄어들게 됩니다.

⑤ 더 많은 카드를 가진 사람이 게임에서 승자가 됩니다.

이외에도 아이와 놀면서 학습하는 방법은 정말 많습니다. 책도 그냥 읽는 것이 아니라 마치 이야기를 들려주듯 '동화 구연'을 해주는 것이지요. 영어의 경우엔 책부터 보여주는 것이 아니라 먼저 재미있는 노래부터 틀어주는 것이 좋습니다.

이 같은 놀이 공부법은 누구나 도전할 수 있습니다. 단, 동심의 세계로 돌아가서 아이를 이해하려는 마음만은 가지고 있어야겠지요.

조바심
내지 마세요

엄마가 조바심을 내면 놀이가 학습이 되고 아이는 그 학습을 싫어하게 됩니다. 아이가 조금 천천히 가더라도 옆에서 도와주는 역할만 해주세요. 엄마의 생각대로 길을 만들어 인도하는 것은 아이의 무한한 가능성을 마음껏 펼칠 기회를 빼앗는 것과 같습니다. 아이가 다른 아이에 비해 조금 늦게 배우더라도 스스로 길을 찾도록 옆에서 지켜봐주세요.

할머니가 건강해야
책도 읽어줄 수 있어요

아이가 글자를 배운 후에는 자연스럽게 책으로 관심을 돌리게 하는 것이 좋습니다. 물론 이 시기에도 책을 어려운 것으로 인식하지 않도록 주의해야겠지요. 그렇게 하려면 글 내용은 짧고 그림이 많은 이야기책을 읽어주는 것이 좋습니다.

처음에는 아이의 흥미를 유발시키는 내용을 고르는 것이 좋습니다. 책과 친해지는 훈련을 병행하기 위해서입니다. 그리고 이야기가 재미있을수록 아이의 상상력도 키울 수 있지요.

그런데 책의 이야기가 아무리 재미있어도 읽어주는 사람이 재미있게 하지 못하면 아이의 흥미를 떨어트릴 수도 있습니다. 저의 경우엔 송이가 재미있는 이야기를 들을 때 눈을 반짝거리고 집중하는 모습이 어찌나 예쁜지 그 모습을 보기 위해서라도 재미있게 이야기를 하려고 노력했지요.

책을 재미있게 읽어주기 위한 저만의 노하우는 이렇습니다.

1. 아이에게 책을 읽어주기 전에 등장인물에 대한 연구를 했습니다. 각 인물의 특성을 살려 목소리를 내면 송이가 굉장히 좋아했습니다.

2. 미리 줄거리를 파악해두고 어느 부분에서 감정을 실어야 할지 등을 염두에 두었습니다.

3. 이야기 속의 소품이 집에 있으면 이야기가 더 실감날 수 있도록 그것을 충분히 활용했습니다.

4. 책을 읽어준 뒤에는 느낀 점이나 깨달은 점을 절대로 묻지 않았습니다. 송이가 스스로 느끼고 상상하는 시간을 주는 것이 훨씬 중요하다고 생각했기 때문입니다.

전래 동화나 설화, 전설 등의 이야기는 아예 책을 보지 않고 말해주었습니다. 아이의 눈높이에 맞춰 옛날이야기를 들려주듯 하면 송이가 가장 큰 흥미를 느꼈기 때문이죠.

특히 재미있는 이야기는 몇 번이나 들려달라고 하기도 합니다. 이럴 경우엔 두어 번 정도 반복하고 끝내는 것이 좋습니다. 왜냐하면 할머니의 체력에 부담이 되기 때문입니다. 엄마여도 마찬가지입니다. 아이가 원하는 대로 무한정 반복하면 쉽게 지치게 되어 있습니다.

아주 당연한 말이지만 아이가 즐겁게 공부하는 것도 중요하지만 더 중요한 건 할머니들의 건강이겠지요. 그렇기 때문에 '할머니 육아 교실'

등의 프로그램에서도 손주의 교육법뿐 아니라 할머니의 건강법에도 많은 신경을 쓰고 있습니다.

　나이가 들수록 여기저기 아픈 곳이 많아집니다. 내 몸이 아프면 만사가 귀찮고 피곤해집니다. 때문에 건강 관리는 육아를 위해서 뿐 아니라 본인 자신을 위해서도 필요합니다. 저는 일단 먹을거리부터 신경을 썼습니다. 웬만하면 인스턴트는 멀리하고 건강식 위주로 식사를 했습니다. 흰쌀밥보다는 현미밥을 먹거나 고기보다는 채소를 주로 섭취했지요. 그리고 송이와 함께 동네 한 바퀴를 돌거나 공원을 산책하는 것도 건강을 지키는 데 많은 도움이 되었습니다. 그리고 무엇보다 도움이 되었던 것은 반신욕이었습니다. 하루에 20분 하는 반신욕은 전신의 피로를 풀어줄 뿐 아니라 몸을 따뜻하게 덥혀 감기 예방에도 좋습니다. 또한 기초대사량을 증가시켜주고 몸속의 독소를 배출시키는 효과도 있습니다.

　이러한 노력의 결과로 송이를 키우는 동안 저는 힘들지 않았습니다. 하지만 아무리 그래도 송이가 원하는 대로 똑같은 책을 몇 번이나 읽어주면 체력에 한계를 느끼곤 했습니다. 그래서 생각해낸 것이 다른 놀이로 송이의 관심을 유도하는 것이었습니다. 이를테면 송이가 좋아하는 노래를 들려주거나 송이가 그림을 그릴 수 있도록 도화지를 준비해주는 것이죠. 그럼 송이는 곧 다른 놀이에 흥미를 가지고 더 이상 떼를 쓰지 않았습니다. 만약 아이가 계속 같은 이야기를 듣고 싶다고 떼를 쓴다면 야단을 치는 대신 다른 놀이로 관심을 유도해보세요. 아이들은 청개구리 기질이 있어 야단을 치면 그것을 하기 위해 더 애를 쓴답니다.

아이들에게 책을 읽어줄 때 이런 점은 조심하세요

01 ｜아이들에게 책을 읽어줄 때 처음부터 끝까지 쉬지 않고 줄줄 읽어주지 마세요. 아이들이 중간에 생각도 할 수 있고, 질문도 할 수 있게 띄엄띄엄 쉬면서 읽어주는 게 좋아요. 책을 읽어주는 것 자체가 목적이 아니라 아이의 언어와 사고를 발달시키는 게 목적이니까요.

02 ｜아이의 연령에 비해 어려운 책은 읽어주지 마세요. 좀 더 어려운 내용도 이해할 수 있을 거라고 생각하는 건 엄마의 욕심입니다. 아이의 나이와 성장 속도에 맞는 책을 선택하는 게 가장 바람직합니다.

구구단도
재미있게 외워요

송이는 많은 과목 중에서도 특히 산수를 힘들어 했습니다. 초등학교 입학 후에도 구구단을 다 외우지 못했기 때문이죠. 그것이 답답했는지 송이 엄마는 '구구단이 입에 붙도록 외워야 한다'라고 몇 번이나 말했습니다. 하지만 송이는 구구단을 외우는 시간이 아깝다고 생각했나 봅니다. 구구단을 외워야 하는데도 그 시간에 책을 읽거나 컴퓨터 앞에 앉아버리곤 하니까요.

당연히 산수 문제를 풀 때마다 끙끙거릴 수밖에 없죠. 그 모습을 본 송이 엄마는 '조금만 더 노력해서 외우면 될 것 같은데 왜 저렇게 안 외우는지 모르겠다'며 애타 했습니다.

"구구단이 입에서 술술 나오도록 다 외워."

결국 송이 엄마의 목소리가 높아졌습니다. 송이는 입술을 삐죽거리며 할아버지 방에 혼자 들어가버렸습니다. 동생 때문에 거실에서 공부상을 펼 수 없었기 때문이죠. 그런 송이가 안쓰럽기도 하고 옆에 있어 줘야겠다 싶어 뜨개질하던 것을 들고 따라 들어갔습니다. 사실 할머니인 저도 송이를 도와줄 방법은 딱히 없었습니다. 구구단은 본인이 외우는 게 능사라고 생각했기 때문입니다.

그런데 한참을 외우려 애를 써도 구구단이 입에 잘 붙지 않자 송이는 무척 괴로워했습니다. 정말 그 모습이 어찌나 딱한지 이대로 두고 볼 수 없다는 생각이 들더군요. 그래서 뭔가 재미있게 구구단을 외우는 방법이 없나 하고 잠시 궁리했습니다. 놀이처럼 즐겁게 외우면 송이도 잘할 수 있을 것 같았거든요. 그러다 한 가지 생각이 떠올랐습니다.

"송이야, 구구단을 입으로 외우면서 답만 노트에 한 번 써보자. 재미있을 것 같지 않아?"

송이는 재미있을 것 같다는 말에 귀가 번쩍 뜨이는지 관심을 보이기 시작했습니다.

"어떻게 하면 돼?"

"먼저 할머니랑 6단을 같이 외우는 거야. 그리고 답은 노트에 쓰는 데 누가 빨리 쓰는지 시합하자."

"시합?"

"응, 할머니랑."

그렇게 우리 둘은 6단을 하나씩 외우고 답은 각자의 노트에 썼습니다. 처음이라 당연히 제가 빨리 답을 썼죠. 시합에는 졌지만 송이는 이 시합이 재미있는지 7단도 하자고 했습니다. 7단에서는 일부러 송이를

이기게 해주었습니다. 그랬더니 송이는 흥미를 느끼고 8단과 9단도 하자고 했습니다.

"송이는 8단과 9단도 답을 다 알아?"

송이가 못 외웠다는 걸 알고 있기에 일부러 이렇게 물었습니다.

"조금만 알아."

"그럼 연습 시간을 줄게. 조금 모르면 할머니랑 시합할 수가 없어. 할머니는 다 알고 있거든."

송이는 저와 시합을 할 생각에 8단과 9단을 열심히 외우기 시작했습니다. 시합이 없었다면 구구단 외우기가 마냥 싫었겠지만 동기가 부여되고 나니 집중력이 발휘되는 것 같았습니다. 그리고 두어 시간 후 다시 시합했을 때는 정말로 저보다 빨리 적어나가더군요. 다음 날 아침에 또 한 번 구구단 쓰기 시험을 하자 송이는 전날 밤보다 빠른 시간 안에 답을 써냈습니다. 이러한 과정을 지켜본 송이 엄마가 이렇게 말했습니다.

"역시 엄마 교육 방법은 특별해."

칭찬은 고래도 춤추게 한다더니 윗사람도 아닌 딸에게 칭찬을 받는데도 기쁨에 겨워 마냥 웃음이 났습니다.

교육 환경이 우선입니다

아이가 놀이처럼 재미있게 공부를 하면 확실히 학습 효과가 클 수밖에 없습니다. 강제적인 힘에 의해서가 아니라 스스로 능동적으로 습득하려 애를 쓰기 때문이죠. 하지만 이러한 놀이 교육도 교육 환경이 잘 조성되어야 가능합니다.

어떤 사람들은 환경 탓할 것 없이 자기 의지만 있으면 된다고 합니다. 남다르게 특출한 아이거나 의지가 강한 어른이라면 그럴지도 모르지요. 하지만 아이들의 교육에는 아이가 자연스럽게 학습할 수 있는 환경이 조성되어야 합니다. 교육 환경은 만들어지지 않았는데 아이가 무조건 배우기 바라는 건 나무에 올라가 물고기 잡기를 바라는 것과 같습니다.

할머니들이 아이를 돌볼 때, 아이를 데리고 노인정에 데리고 가는 경우가 많다고 합니다. 어쩌면 당연한 일이지요. 할머니도 같은 연배의 친구들과 만나 이야기꽃도 피우고 맛있는 음식도 나누어 먹는 시간이 필요하니까요. 하지만 할머니를 따라 자주 노인정에 간 아이는 고스톱을 배워오기도 하고 나이에 맞지 않는 어른들의 말을 쓰는 경우도 생기게 됩니다. 아이들은 스펀지와 같아서 보고 배운 것은 바로 흡수해버리지요. 무엇을 보고, 무엇을 들었는지에 따라 배움이 다를 수밖에 없습니다. 그러니 아이가 있기에 적당하지 않은 환경이다 싶으면 되도록 데려가지 않는 것이 좋습니다.

요즘 아이들이 텔레비전 시청을 많이 하는 것도 결국 어른들이 텔레비전을 많이 보기 때문입니다. 할머니든 엄마든 아이와 함께 있는 시간을 텔레비전 시청으로 보내는 경우가 허다하지요. 저는 송이를 키우는 동안엔 정규 방송을 본 적이 거의 없습니다. 제가 텔레비전을 보면 송이도 텔레비전을 보게 되고, 한번 재미를 들이면 텔레비전 시청으로 많은 시간을 허비하게 될 것을 알기 때문이었습니다.

맹자의 어머니가 세 번이나 이사를 한 이유를 아실 겁니다. 아들에게 좋은 교육 환경을 만들어주기 위해서죠. 교육은 환경에서부터 시작됩니다. 잔소리를 하거나 야단을 치는 것으로는 제대로 된 교육을 할 수 없지요. 또한 아무리 많은 학습지를 하게 하고 유치원을 보내더라도 교육 환경이 제대로 조성되어 있지 않으면 그다지 큰 효과를 볼 수 없습니다. 아이가 스스로 학습할 수 있는 환경을 만들기 위해서는 무엇보다 교육 환경이 잘 조성되어 있어야겠지요. 그리고 그 환경은 어른들이 먼저 모범을 보이는 것에서 시작합니다.

교육 환경을 만들려면 가족들의 협조도 중요합니다. 텔레비전의 경우

저만 안 본다고 되는 일이 아닙니다. 송이 할아버지도 텔레비전 시청을 줄였을 뿐 아니라 온 정성을 다해 협조해주었습니다. 제가 송이와 놀고 있으면 그 나이의 보통 남자들처럼 밥 차려달라고 하는 대신 스스로 식사를 챙겨 드시곤 했지요. 그리고 제가 밥을 먹는 동안엔 할아버지가 송이와 함께 놀아주었습니다. 그뿐만 아니라 저와 함께 송이를 돌본다는 생각으로 송이와 칠교놀이를 하거나 그림 그리기를 하면서 시간을 보내기도 했고, 영어 단어 맞추기나 영어 문장 놀이를 하기 위해 영어 공부를 하기도 했습니다. 그리고 때때로 설거지를 해주거나 방청소를 도와주기도 했습니다.

송이 할아버지의 이런 변화는 전에는 생각도 못한 일이었습니다. 하지만 무엇보다 반가웠던 변화는 송이 할아버지의 말투입니다. 경상도 남자 특유의 거친 어투가 남아 있어 가끔은 그냥 말하는 것도 화를 내는 것처럼 들렸던 송이 할아버지의 말투가 눈에 띄게 부드러워졌지요. 아무래도 송이가 자신의 거친 말투를 조금이라도 배울까 걱정이 되었던 모양입니다.

송이를 주도적으로 돌보는 것은 저였지만 송이 할아버지도 양육에 도움이 되고자 애를 많이 썼습니다. 송이 할아버지의 이 같은 도움이 없었다면 제가 송이의 교육을 적극적으로 하기가 힘들었을 겁니다.

바람직한 교육 환경을 조성하는 건 이처럼 가족의 도움이 있어야 가능한 일입니다. 할머니나 엄마가 아이의 양육을 책임진다고 해서 다른 가족들이 나 몰라라 하면 좋은 교육을 시키고 싶어도 그렇게 할 수 없겠지요. 그런 면에서 저는 송이 할아버지에게 항상 고마운 마음을 가지고 있습니다. 그리고 송이 덕분에 이제까지 함께 살면서 알지 못했던 남편의 모습도 많이 보게 되었습니다.

송이를 키우기 시작한 뒤로 즐거운 경험을 다양하게 할 수 있었습니다. 가장 경이로웠던 경험은 송이 할아버지의 새로운 면들을 접하게 된 것입니다. 그래서 저는 가끔 이런 생각도 했습니다.

'송이는 나에게 크리스마스 선물처럼 놀라운 존재구나.'

다른 아이와의
비교보다 관심을 가져주세요

아이들은 비교당하는 것을 싫어합니다. 어른들도 마찬가지지요. 세상의 어느 누가 비교 대상이 되는 것을 좋아하겠습니까. 그런데도 어른들은 거리낌 없이 자기 아이를 다른 아이와 비교해버립니다. 왜 그럴까요? 아이를 하나의 인격체로 인정하지 않기 때문이겠죠. 그래서 저는 늘 염두에 두는 것이 있습니다.

1. 내가 생각을 하듯 송이도 생각을 한다.
2. 내가 좋고 나쁘고를 판단하듯 송이도 좋고 나쁘고를 판단한다.
3. 내가 알고 있는 것은 송이도 알고 있다.

할머니인 내가 또 다른 인격체인 송이를 다른 아이와 비교하는 실수를 저지르지 않기 위해서 이런 규칙을 만들었습니다. 아이에게 '아무개는 하는데 너는 왜 못해'라고 하는 것은 아이의 자존심을 상하게 하는 일이죠. 그런데도 만약 무의식적으로 이 같은 말이 나온다면 제가 아이의 인격을 존중하지 않기 때문일 것입니다. 아이를 비교하기보다는 먼저 내가 부족한 점은 없는지 점검하는 것이 먼저겠죠.

또한, '비교'는 아이의 건강한 성장을 방해하는 가장 강력한 요소입니다. 비교는 아이에게 자극이 되지 않습니다. 오히려 기가 죽고 열등감만 가지게 되지요. 그런데도 다른 아이와 비교하는 말이 자꾸만 입 밖으로 튀어나온다면 이 말을 기억하세요.

'우리 아이는 자기 나름대로 최선을 다하고 있다.'

저는 송이를 키우면서 늘 이런 느낌을 받았습니다. 잘하든 못하든 저 나름대로는 최선을 다하고 있다고요. 사실 세상의 누가 못하고 싶겠습니까. 다 잘하고 싶고, 인정받고 싶고, 칭찬받고 싶어 하지요. 아이들은 특히 이런 인정 욕구가 강합니다. 당연히 아이는 저 나름대로 최선을 다하고 있습니다. 하지만 최선을 다한다고 결과가 다 좋은 것은 아니니 아이의 입장에서는 짜증이 날 수도 있고, 스트레스를 받기도 합니다.

그러니 결과에 대해 비교하기보다는 아이가 좋아하거나 할 수 있는 것을 찾을 수 있도록 도와주세요. 모든 아이들은 제각각 다른 개성을 가지고 있습니다. 애당초 비교의 대상이 될 수가 없지요. 어떤 아이는 언어에 관심을 가지는가 하면 어떤 아이는 수학에 관심을 보입니다. 음악에 관심을 보이는 아이가 있는가 하면 그림에 관심을 보이는 아이도 있지요. 설혹 그 어떤 것에도 관심이 없는 것처럼 보여도 아이만이 가지고 있는 세계는 달리 있는 법입니다.

이런 아이들을 두고 엄마가 할 일은 관찰입니다. 내 아이가 무엇에 관심이 있나, 무엇을 하면 잘할 수 있나 끊임없는 관찰이 필요합니다.

우리 송이의 경우엔 영어 테이프를 들려주었을 때 영어에 지대한 관심을 가졌습니다. 제가 영어를 억지로 가르쳐서 영어를 잘하는 아이가 된 것이 아니라 송이 스스로 처음부터 영어에 관심을 보였던 것이지요. 물론 처음에 영어 테이프를 틀어준 것은 저였지만 송이가 관심을 보이지 않았더라면 뒤이어 계속 영어를 가르쳐주지 못했을 겁니다. 송이가 영어에 관심을 가지고 좋아한다는 것을 눈치챘기 때문에 꾸준히 영어 공부에 공을 들일 수가 있었던 거지요.

사실 이 같은 경험은 운이 좋아 가능했다고 생각합니다. 송이가 관심을 가질 만한 것을 이것저것 다 해보고 그중에서 찾았던 것이 아니라 처음부터 송이의 관심을 끌 만한 것을 찾아낸 것이니까요. 하지만 아이의 관심사나 개성을 발견하는 건 시기가 좀 늦어도 상관이 없습니다. 다만 아이의 개성이 어떤 것인지를 꾸준히 관찰하고 찾아주는 일이 필요하지요. 아이가 원하는 것이 무엇인지 찾기 위해서는 아이에게 늘 세심한 관심을 기울여야 합니다.

'잘한다'보다
'좋아한다'

많은 부모들은 흔히 자기 아이들에게 '넌 이러이러한 것을 잘한다'라고 칭찬을 합니다. 이런 칭찬을 듣는 아이는 학습 자체의 재미보다는 칭찬을 받고 싶어서 더 열심히 하게 되지요. 하지만 시간이 지나면서 부모의 높은 기대치를 느끼게 됩니다. 그러곤 곧 이렇게 생각하게 됩니다.

'우리 엄마가 이걸 잘한다고 했으니 더 잘해야지.'
'내가 잘하는 것이 엄마나 가족을 기쁘게 하는 일이야.'
'만약 이걸 못한다면 엄마는 실망할 거야.'

이러한 생각들은 아이에게 부담감으로 돌아옵니다. 잘하면 좋겠지만 만약 못한다면 부모가 딱히 뭐라 하지 않아도 실망시켰다고 생각하겠지요. 저도 처음엔 송이가 조금만 잘해도 '어머, 우리 송이 정말 잘한다'라고 칭찬을 해주었습니다. 칭찬은 무조건 좋은 것이라 생각했기 때문이죠.

그런데 어느 날, 송이 엄마가 이런 말을 했습니다.

"엄마는 송이에게 늘 '잘한다, 잘한다'고 칭찬하잖아."

"그랬지. 너희 키울 때에도 그랬지만 엄마는 아이들에게 자주 많이 칭찬해주어야 한다고 생각했으니까."

"맞아. 화부터 내거나 못한다고 야단치지 않아서 좋았어. 그런데 엄마, '잘한다'는 표현보다 '좋아한다'는 표현을 사용하는 것이 어떨까?"

"좋아한다?"

"잘한다고 칭찬을 하면 계속 잘해야 할 것 같잖아. 그리고 절대로 못해서는 안 될 것 같고. 그럼 송이는 그에 대한 스트레스를 받을 거야. 하지만 '넌 이걸 참 좋아하는구나'라고 하면 송이는 이렇게 생각할 거야. 아, 이건 내가 좋아서 하는 일이구나."

송이 엄마의 말은 흥미로웠습니다. 생각해보니 할머니에게 칭찬받기 위해서가 아니라 송이가 스스로 재미있는 일이라고 여기는 게 훨씬 더 도움이 될 것 같았습니다. 무슨 일이든 자기가 좋아서 해야 성과도 좋은 법이니까요.

"그래, 네 말이 옳은 것 같아. 나도 이제 고쳐야겠다."

송이 엄마에게 그렇게 약속했습니다. 그리고 그날 이후로 송이에게 칭찬을 할 때는 '잘한다'보다 '좋아한다'라는 표현을 많이 썼습니다.

'우리 송이는 한글을 잘하는구나'는 '우리 송이는 한글 익히는 것을 좋아하는구나'로, '우리 송이는 춤을 잘 추는구나'는 '우리 송이는 춤추는 것을 좋아하네'로 바꾸어 말했습니다.

이렇게 말해주니 확실히 공부를 하든 놀든 송이는 더 즐겁게 하는 것 같았습니다. 그런 송이를 보니 내 아이들이 어렸을 때도 이렇게 말해주었다면 좋았을 거라는 아쉬움이 남더군요. 만약 내 아이들도 '넌 이걸 참 좋아하는구나'라는 말을 듣고 자랐다면 훨씬 더 재미있게 공부했을 수도 있었을 텐데 하는 아쉬움이 들었습니다.

사실 '잘한다'와 '좋아한다'의 차이는 아주 사소해 별 다르지 않게 생각될 수도 있습니다. 하지만 아이들에겐 사소한 단어의 차이도 큰 영향을 미칠 수 있습니다. 아이들의 자존심이나 성격 형성 등은 바로 부모의 사소한 말 한마디에서 만들어지기도 하니까요. 때문에 아이에게 하는 말 하나하나 다 조심스럽게 써야 합니다.

01 | 극단적이거나 편협한 시선을 만들 수 있는 어휘는 사용하지 않도록 해요.

02 | '안 돼' '하지 마' '나빠' 등과 같은 부정어는 피하도록 해요.

03 | 자존심을 건드리는 말은 하지 않도록 해요.

04 | 일방적으로 지시하는 말은 되도록 삼가도록 해요.

05 | 다른 아이와 비교하는 말은 하지 않도록 해요.

06 | 과도한 칭찬으로 학습에 부담을 주는 말은 하지 않도록 해요.

내가 할 수 있는 걸 찾아봐요

"우리 송이를 위해 뭘 하는 게 좋을까."

전 항상 자신에게 이렇게 물었습니다. 원래 사랑하면 상대에게 모든 걸 주고 싶어 한다지요. 손녀 송이가 태어난 이후로 저는 매일같이 사랑하는 마음으로 행복했습니다. 이 만족감을 아이에게도 돌려주고 싶었는지 모르겠습니다. 그리고 엄마 손에서 자랐다면 교육적인 측면에서 더 나을 수도 있었을 거라는 생각이 들어 안타까운 마음도 있었습니다.

흔히들 할머니 밑에서 자란 아이는 정서적으로 안정적이지만 교육적으로는 아무래도 부족하다고 합니다. 하지만 저는 그 말을 인정하지 않았습니다. 할머니도 엄마처럼 교육시킬 수 있다고 생각했기 때문이죠. 또한 할머니는 교육적으로 부족하다는 고정관념을 깨트리고 싶기도 했습니다. 다만 아이에게 무엇을 해줄 것인가는 고민할 필요가 있었습니다. 이왕이면 제가 잘할 수 있는 것, 했을 때 저나 아이나 만족감을 느낄 수 있는 걸 찾아야 했으니까요.

저에게 그것은 독서와 영어였습니다.

아이들을 키울 때 아들을 독서광으로 만든 경험이 있었습니다. 그때의 경험을 살려 우리 송이에게도 독서 지도를 잘할 수 있겠다 싶었죠. 하지만 그런 경험이 없어도 저는 '독서'에 관심을 기울였을 겁니다. 아이의 호기심을 스스로 찾게 하고, 아이의 생각을 깊게 만드는 것에 독서만큼 좋은 것도 없으니까요. 게다가 어릴 때부터 독서가 습관이 되어 있지 않으면 나중에 책을 멀리하게 됩니다. 송이가 일단 책과 친해지는 것, 이것이 저의 목표였죠.

영어는 딸이 사다준 육아 잡지에서 육아 영어에 대한 내용을 읽고 송이에게 가르쳐봐야겠다는 생각이 들었습니다. 아이와 그냥 노는 것보다 뭐라도 하나 더 배우게 하고 싶었습니다. 사실, 고등학교 때까지 영어를 배웠으니 아이를 가르치는 건 누워서 떡먹기라고 쉽게 생각했습니다. 또 내가 가르치다 안 되면 방문 교사의 힘을 빌리면 된다고 생각했고요. 하지만 가르쳐보니 생각보다 만만치 않다는 걸 알게 되었고, 저는 늦은 나이에도 불구하고 영어에 학구열을 불태웠습니다.

처음엔 송이를 가르치기 위해 공부를 했지만 공부를 하다 보니 너무 재미있었습니다. 그냥 노느니 하나라도 더 배우는 게 좋겠다는 생각은 송이에게만 해당되지 않았습니다. 저 역시 그렇더군요. 어릴 땐 부모님이나 선생님이 억지로 시켜서 공부한다는 생각에 공부가 그다지 재미있지 않았습니다. 하지만 이만큼 나이가 들어도 세상에 대해 여전히 궁금

하고, 알고 싶은 것도 많으니 공부가 마냥 재미있기만 했습니다. 이제까지 내가 몰랐던 것을 하나하나 알아가는 재미가 만만치 않았습니다. 공부는 스트레스가 되면 힘들지만 내가 몰랐던 걸 알아가는 과정이라고 생각하면 굉장히 재미있는 놀이가 됩니다. 흔히들 공부는 평생 하는 것이라고 하지요. 세상은 끊임없이 변하고 그 변화에 발맞추기 위해서는 당연히 공부가 필요합니다. 그리고 무엇보다 내가 살아 있는 동안 더 나은 사람이 되기 위해서 꾸준히 노력할 필요가 있지요. 그리고 어릴 때와는 달리 즐겁게 공부할 수 있는 마음가짐도 가지게 되었고요.

저는 독서와 영어를 선택했지만 꼭 이 두 가지여야 할 필요는 없습니다. 요리, 운동, 수놓기, 만들기 등등 세상에는 아이에게 필요하고 흥미로운 것들이 정말 많이 있습니다. 게다가 사람들마다 관심사도 다르고, 할 수 있는 것도 다릅니다. 내가 관심이 있고, 내가 할 수 있는 것이어야 다른 사람도 가르칠 수 있습니다. 손자나 손녀에게 무언가를 교육시키고 싶다면 본인이 할 수 있는 걸 찾는 것은 어떻겠습니까.

또한, 모든 아이들이 독서와 영어에 흥미를 느끼는 것도 아닙니다. 저의 경우에도 아들은 독서광이지만 딸은 독서에 별 흥미를 느끼지 않았습니다. 딸이 태어났을 당시엔 농사일이 많아 아들에 비해 독서 교육에 많은 정성을 기울이지 못한 탓도 있습니다. 그 부분은 늘 미안한 마음을 가지고 있지요. 하지만 딸은 집에 그처럼 책이 많은데도 관심을 보이지 않았습니다. 아무래도 독서 습관을 키우기 전에 인형 놀이를 하거나 뛰어노는 것에 더 익숙해져서일 겁니다. 그런 딸이 나중에 대학생이 되어서 이렇게 말하더군요.

"엄마, 어렸을 때 책을 많이 못 읽은 게 후회가 되네요. 독서량이 많지 않아서인지 공부를 할 때 논리적인 흐름이 잘 안 잡히더라고요."

사실 송이에게 영어 테이프를 열심히 들려준 이유 중에는 나중에 영어를 배울 때 힘들지 않게 미리 시키는 게 좋을 거라고 생각한 것도 있었습니다. 이미 머리가 굳은 뒤에는 모국어가 아닌 다른 언어를 배우는 게 보통 힘든 일이 아닙니다. 독서도 마찬가지입니다. 딸이 독서에 습관을 들였다면 어른이 되어서도 어렵지 않게 책을 접했을 겁니다. 손녀 송이는 영어든 독서든 이처럼 후회할 일이 없기를 바란 것이지요.

어쨌든 정말 중요한 것은 할머니가 손자 손녀를 위해 무엇을 가르칠 수 있는지를 찾는 것입니다. 본인이 잘할 수 있고, 아이도 좋아할 수 있는 것으로요. 그래야 서로 즐겁게 공부하는 시간을 보낼 수 있습니다.

예절 바른 아이로
키우려면

"어머, 애가 어쩜 이렇게 인사를 잘하죠?"

송이와 동네를 한 바퀴 돌거나 공원에 산책을 가거나 시내에 나가 밥을 먹을 때면 가끔 이런 말을 듣습니다. 이웃들뿐 아니라 처음 보는 사람도 송이를 보면 '인사성이 참 바르다'고 칭찬을 하지요. 뒤이어 이렇게 묻는 사람들도 있습니다.

"어떻게 가르치면 이렇게 인사를 잘할 수 있죠?"

그러면 저는 늘 한결같은 대답을 합니다.

"할아버지 할머니와 함께 살아서 그런가 봐요."

사실 송이에게 어른을 보면 꼭 인사를 해야 한다고 강요한 적은 없습니다. 제가 가르치기도 전에 송이는 인사를 잘하는 아이로 자랐으니까요. 아마 송이는 말을 배우기 전부터 엄마와 아빠가 할머니와 할아버지에게 인사하는 것을 보아왔기 때문인지도 모릅니다.

흔히 조부모와 함께 사는 아이들이 인사성도 밝다는 말을 하지요. 딱히 가르치지 않아도 자연스럽게 어른을 공경하는 법을 배우기 때문이 아닐까 하고 저는 생각합니다. 생각해보면 제 아이들도 할아버지 할머니가 함께 사는 집에서 자라서인지 인사성 하나만큼은 밝았습니다. 그 아이들 역시 저희 부부가 부모님을 봉양하는 모습을 지켜보았기 때문일 겁니다.

어른을 모시고 사는 집에서는 인사가 일상생활이 되지요. 아침저녁으로 어른에게 인사를 하고, 어른이 불편한 점은 없는지 살피게 됩니다. 그러한 모습을 지켜본 아이는 자연스럽게 예절을 배울 수밖에 없습니다.

실제로 과거 우리나라가 대가족 중심이었을 땐 '예절'이 가장 중요한 덕목이었습니다. 많은 어른들과 한집에서 사는 아이는 올바른 인간관계를 맺기 위해서라도 예절부터 배워야 했었지요. 그래서 예절은 생활화되어 있었습니다. 하지만 오늘날 대부분의 부모들은 아이들의 예절보다 공부 잘하는 것을 더 중요한 덕목처럼 생각합니다. 더군다나 핵가족의 아이들은 부모가 어른을 대하는 방식을 일상적으로 보고 배우는 기회를 갖지 못하고 있습니다.

학교에서 교과서로도 예절을 배울 수는 있습니다. 또한 부모가 말로 가르칠 수도 있습니다. 하지만 진정한 예절은 몸에 자연스럽게 스며들었을 때 나오는 것입니다. 만약 누군가가 제게 할머니 양육의 가장 큰 장점이 무엇인지 물어본다면 단언컨대 '예절'이라고 말할 수 있습니다. 딸과 사위가 저와 남편에게 보여주는 행동을 보고 자란 송이는 누가 가르

처주지 않아도 어른을 대하는 예절을 자연스럽게 습득했습니다. 그리고
그러한 예절은 어디에서나 올바른 인사성, 공손한 말투로 드러납니다.
그도 그럴 것이 '다른 사람에 대한 배려'가 바로 예절의 바탕이 되기 때
문이죠.

.5.

할머니 양육,
민감한 현실 문제는
이렇게 풀어요

사소한 것에도
주의를 기울여요

할머니가 아이를 맡게 되는 건 어른들의 사정 때문이지요. 부모가 일로 바쁘든 학업으로 바쁘든 아이의 입장에서는 아쉬운 일입니다. 아이는 엄마가 자신을 보살펴주기를 원하고, 엄마가 유치원이나 학교 행사에 오기를 원합니다. 아이가 엄마와 함께 있고 싶은 건 당연한 일입니다. 그런데 아이의 바람과 상관없이 할머니가 보살피게 되면 자연스럽게 투정을 부리게도 됩니다. 자신을 돌보지 않는 엄마에 대한 불만을 가장 가까이에 있는 할머니를 미워하는 방식으로 해소하는 것일 수도 있지요. 그때문에 할머니 육아에서 할머니와 아이의 갈등이 곧잘 문제가 되기도 합니다. 할머니는 할머니대로 아이는 아이대로 힘들어집니다.

저도 이러한 부분에 걱정이 없었던 것은 아닙니다. "내가 엄마가 아니라고 송이가 싫어하면 어떡하지? 갓난아이일 땐 할머니든 엄마든 상관이 없겠지만 좀 더 자라 머리가 굵어지면 이런저런 생각을 하게 되지 않을까. 그때, 엄마가 왜 자신을 돌보지 않았느냐고 원망하면 어떡하지?” 등등 이러한 걱정이 절로 들더군요.

하지만 감사하게도 송이는 그러한 기색을 내비친 적이 없습니다. 딸은 집에 있는 동안만큼은 송이에게 많은 관심을 기울이고 얼마나 사랑하고 있는지 틈만 나면 표현했습니다. 그리고 저와 딸은 송이에게 지금 어떠한 상황인지를 충분히 말해주었지요. 아이가 어른의 일을 이해하지 못할 거라고 생각하고 막무가내로 어른의 결정을 따르도록 하는 것은 옳지 않습니다. 아이는 아이 나름대로 자신이 어떠한 상황에 처해 있는지 알고 싶어 하고, 또 그 상황을 받아들이고 이해하려고 노력하니까요.

할머니 육아에서 진짜 문제는 아이를 키우는 현실에서 발생하지 않습니다. 아이에게 충분히 납득할 수 있는 대화와 시간을 주지 않는 것 때문에 문제가 생기지요.

사소한 것일 수도 있지만 아이를 위해서 우리가 신경 써야 할 것에는 무엇이 있을까요? 저는 그것을 외모와 옷차림이라고 생각했습니다. 할머니는 자신을 위해서는 물론이고 아이를 위해서라도 외모에 신경을 써야 합니다.

저는 유치원에 갈 때 옷이나 치장에 주의를 기울였습니다. 송이를 생각해서죠. 아무리 어른스러워도 아이는 아이입니다. 눈에 보이는 것이 아이의 마음을 상하게 하기도 하고 부끄럽게 하기도 하지요. 가뜩이나 다른 엄마들에 비해 나이도 많은 할머니가 차림까지 추레하면 아이는 스트레스를 받을 수밖에 없습니다. 어른에게도 체면이 있듯 아이들에게도 체면이 있지요. 그리고 아이의 체면을 세워주는 것도 제가 할 일 중 하나라고 생각합니다. 따라서 저는 저 나름대로 옷차림에 대한 몇 가지 규칙을 정했습니다.

일단 화사하고 젊은 느낌이 나는 스타일 위주로 옷을 입었습니다. 나이가 들었다고 검은색이나 회색과 같은 무채색의 옷을 입기보다는 일부러 밝고 화사한 색의 옷을 입었지요. 그렇다고 너무 과하게 화려한 색은 지양했습니다. 지나침은 모자람만 못 하다는 말도 있지요. 젊게 보이려고 색이 너무 화려하거나 스타일이 눈에 띄면 오히려 아이가 부끄러워할 수도 있습니다.

두 번째로 저는 할머니들이 흔히 입는 몸뻬 바지나 헐렁이 치마 같은 건 입지 않았습니다. 마냥 편하다는 이유로 아무 옷이나 걸쳐 입다 보면 옷차림에 신경을 쓰지 않게 되지요. 또한 나이 든 사람이 입으면 더 초라하게 보일 수도 있어 지양했습니다.

세 번째로 나이에 맞게 여유로우면서도 우아한 옷차림을 지향했습니다. 이를테면 니트를 활용해 치마와 맞춤으로 입었고 지나치게 장식이 많은 옷은 웬만하면 입지 않았습니다. 할머니들의 옷이 노숙하게 느껴지는 이유는 장식이 과하거나 너무 화려한 색감 때문입니다. 오히려 수수하면서도 여성스러운 느낌의 옷이 좀 더 세련된 분위기를 만듭니다.

할머니가 키운 아이들은 더 긍정적이고 배려심이 많다고 합니다. 육아 경험이 있는 할머니는 아이들의 욕구가 무엇인지 잘 알고 있고, 또 보다 큰 사랑으로 아이를 돌보기 때문이죠.

할머니 육아는 이처럼 많은 장점을 가지고 있습니다. 하지만 그 효과가 저절로 이루어지지는 않습니다. 할머니가 아무리 큰 사랑을 베풀어도 아이가 그 사랑을 받아들이지 못한다면 안 되겠지요? 아이가 어른에게 사랑받기 위해 노력하는 것처럼 어른도 아이에게 사랑받기 위해 노력하는 자세를 보여야 합니다. 아이와의 대화나 치장에 신경 쓰는 것도 다 그런 노력의 일환이지요.

육아 관련 수고비,
어떻게 하면 좋을까요?

송이를 키우는 즐거움은 돈으로 환산할 수 없습니다. 많은 할머니들이 그런 마음일 겁니다. 아이를 돌보다 보면 몸이 고단할 때도 있고, 마음이 힘들 때도 있습니다. 하지만 아이로 인해 행복하고 즐거운 때가 훨씬 많았지요. 송이가 재롱을 피울 때, 함께 대화를 나눌 때, 송이의 영어 실력이 나날이 늘어나는 것을 볼 때, 할머니를 사랑한다고 말해줄 때 저는 세상에 다시없는 행복감을 맛보곤 했습니다. 내 아이들을 키울 땐 즐거운 일도 즐겁게 받아들이는 여유가 없었다면 송이를 키우면서는 즐거운 일은 고스란히 즐겼지요. 송이 덕분에 노년에 공부하는 기쁨도 맛보았고, 시시때때로 웃는 일도 많아졌습니다.

사랑은 받는 것보다 주는 것이 더 행복하다고 하지요. 송이 때문에 얻는 행복은 천만금을 주어도 바꿀 수 없는 것입니다. 또, 사랑은 주는 대로 돌아오게 되어 있습니다. 때문에 저는 수고비에 대해서는 생각하지 않았습니다. 오히려 아직 학생인 딸 부부에게 제가 용돈이라도 쥐어주어야 하는 입장이었습니다. 손녀를 돌보면서 드는 비용도 제 선에서 전부 해결해야 했지요.

하지만 각 가정마다 사정은 다를 겁니다. 저희 동네에서 아이를 맡은 할머니들만 살펴봐도 그렇습니다. 어떤 할머니들은 아이에게 드는 비용 일체는 물론이고 수고비를 따로 받는다고 하더군요. 또 어떤 할머니들은 딱히 금액이 정해진 것은 아니지만 용돈을 넉넉하게 받기도 하고요. 수고에 대한 보답으로 옷이나 영양제 등의 선물을 받는 할머니도 있었습니다.

수고비로 일정한 금액을 주고받는 가정에선 그 액수를 정하는 것도 고민일 겁니다. 또, 서로의 의견이 충돌할 때 부모님 입장에서는 자식들이 돈 준다고 유세를 부린다 생각할 수도 있고, 자식 입장에서는 돈도 드리는데 좀 더 신경써주시지 하는 생각이 들 수도 있습니다.

부모 자식 간이라도 돈 문제는 예민한 부분입니다. 원래 가까운 사이일수록 돈 문제는 더욱더 조심해야 합니다. 가족은 돈으로 엮어진 관계가 아니라 사랑과 친밀함으로 엮어진 관계이기 때문입니다. 그렇다고 자식들이 어머니에게 자기 아이를 맡기면서 사랑만을 강요해서도 안 됩니다. 사랑하기 때문에 아무 조건 없이 아이를 돌보겠다고 마음을 먹는 건 할머니 쪽이죠. 자식들은 할머니의 마음이 어떻든 간에 아이의 양육을 노동으로 봐야 합니다. 내 자식을 사랑하고, 내 손자 손녀를 아끼는 것과 별도로 할머니의 시간과 노력에 대한 대가가 필요하니까요. 자식이 공부를 하는 학생이거나 형편이 여의치 않은 상황이라면 할머니도 굳이 수고비를 생각하지 않을 겁니다. 하지만 부부가 맞벌이를 하고 경제적 사정이 나쁘지 않은데도 수고비를 드리지 않는 건 아무래도 문제가 있지요.

수고비는 각 가정의 형편에 따라 매달 일정한 액수를 정해두는 것이 좋습니다. 저번 달과 이번 달이 다르고, 또 다음 달이 다르면 사람 마음이라는 게 섭섭해지기 마련이니까요. 만약 수고비를 드리는 것이 성의가 없다는 생각이 들어 서로 주고받기가 민망하다면 다른 식으로 보상하는 방법도 있습니다. 이를테면 매년 한두 번씩 부모님 여행을 보내드리거나 부모님이 좋아하실 선물을 자주 드리는 것이지요.

할머니 양육에서 할머니들이 마음을 다치는 경우가 종종 있습니다. 아이 봐주는 공은 없다는 옛말이 있듯 할머니들이 정성껏 아이를 돌봐도 자식이 알아주지 않으면 얼마나 섭섭하겠습니까. 수고비는 단지 돈이 아니라 어머니의 노고에 대한 감사의 마음이기도 합니다. 자신의 아이를 돌봐주시는 어머니에게 수고비를 드릴 땐 돈만 드리기보다는 말 한마디라도 '고맙습니다'라고 자신의 마음을 전하는 게 어떨까요?

할머니도
선생님과 상담을 할 수 있어요

아이들은 때가 되면 유치원이나 학원을 가게 됩니다. 그와 더불어 학습 지도 한두 개 정도 받아보는 경우도 있을 겁니다. 영아일 때만 해도 할머니와 보내는 시간이 많았던 우리 송이의 세상도 해가 지나자 점차 넓어 졌지요. 친구뿐 아니라 선생님들도 많이 알게 되었습니다. 당연히 저도 유치원, 학원, 학습지 선생님들을 만나야 할 일이 많아졌습니다.

실생활에서 아이를 보살피는 사람이 할머니라면 이러한 관계는 원활 하게 이루어져야 합니다. 그런데 어떤 분들은 젊은 사람들의 이야기는 못 알아듣는다고 생각하거나 관심을 가지려는 노력도 하지 않고 이렇게 말하기도 합니다.

"애 엄마하고 얘기하세요."

할머니가 엄마에게 미루어버리면 선생님들도 불편해집니다. 실제로 아이를 보살피는 사람이 알아야 하는 이야기인데도 엄마한테 말해야 하니까요. 중요한 것은 엄마와 의논하더라도 사소한 것은 할머니들이 함께 알아야 합니다. 그래야 유치원이나 학원을 다니는 아이가 필요로 하는 것을 그때그때 챙길 수가 있거든요.

선생님의 말을 알아듣지 못하면 어쩌나 미리 두려워하지 마세요. 선생님도 할머니가 알아야 하는 일이니 말하는 것이고, 상대방의 나이에 따라 더 이해하기 쉽게 말해주는 배려 정도는 가지고 있으니까요. 그런데도 모든 걸 엄마에게 미루어버리면 선생님은 하고 싶은 말이나 해야 할 말을 하지 못하게 됩니다. 대화 주제가 바로 아이에 관한 것인데도 말입니다.

전 송이의 선생님들을 만날 때면 '애 엄마하고 얘기하세요'라는 말을 하지 않으려 조심했습니다. 어쨌든 지금 송이를 보살피고 있는 사람은 저였으니까요. 선생님과의 상담도 수동적으로 기다리는 것이 아니라 능동적으로 진행하려고 노력했습니다.

한번은 이런 일이 있었습니다. 송이를 어린이집에 보내고 나니 어떻게 생활하고 있는지 몹시 궁금해지더군요. 어린이집에 입학한 지 일주일쯤 지났을 때 선생님을 찾아가 만났습니다. 선생님께서는 송이가 아주 간단한 지시어들을 이해하지 못한다고 했습니다. 사용한 물건들을 제자리에 정리하기, 차례차례 줄서기, 물건 양보하기 등등에 대해서도 부족한 점이 보인다고 했습니다.

생각지도 못한 일이었습니다. 집에 있을 때는 송이가 잘하는 것만 보였습니다. 미처 제가 눈여겨보지 못한 점이었지요.

'왜 송이가 그런 부분에서 미진할까?'

어쩌면 영어를 많이 들어서 그런 게 아닐까, 하는 생각을 했습니다. 집에 가자마자 송이가 본 비디오를 살펴보았습니다. 〈위씽〉 〈까이유〉 등등 영어로 된 비디오들만 있는 것을 그때 알았습니다.

가족들이 모인 저녁 시간에 송이의 선생님과 나누었던 대화를 고스란히 전했습니다. 딸도 저와 비슷한 생각을 하고 있었습니다.

"엄마, 한글 동화를 많이 읽어줘야 하는 시기인데 송이는 영어에만 노출되어 그런 게 아닐까요?"

원인을 알았으니 방법을 찾는 건 쉬웠습니다. 집에서 좀 더 많이 한글 공부를 시키는 것이었지요.

제가 이 사례를 통해 많은 할머니들께 전하고 싶은 메시지가 있습니다. 할머니도 충분히 선생님과 아이에 관한 교육 상담을 할 수 있다는 것이지요. 아이에 대해 더 많은 것을 알고 있는 사람은 오히려 할머니입니다. 이렇게 이야기 한 후에 아이의 엄마나 가족들과 그날의 상담을 주제로 이야기를 풀어나가는 것이 훨씬 효율적입니다.

방문 학습 선생님과의 상담도 주로 제가 진행했습니다. 하지만 그 이전에 송이에 대한 전반적인 것은 송이 엄마와 대화를 나누어두었습니다. 선생님과 대화를 하는 것은 저였지만 송이 엄마의 의견이 충분히 반영될 수 있게 미리 준비를 했죠. 그 외의 사소한 일들은 할머니 선에서 결정하면 됩니다.

그러니 선생님과의 대화를 엄마에게 미룰 필요는 없습니다. 일선에서 아이의 양육을 맡고 있는 할머니는 선생님과 대화를 나눌 자격이 충분히 있습니다. 그리고 가장 가까이에서 아이의 교육을 관리하고 있는 사람이 할머니이니 선생님과의 대화는 할머니가 해야만 하는 것이기도 하지요.

영어 방문 선생님께
이렇게 부탁해보세요

일주일에 한 번 영어 방문 선생님이 오시면 저도 송이와 함께 수업을 참관했습니다. 물론 선생님께 양해 말씀을 드리고 허락을 구했지요. 수업에 참관한 이유는 선생님의 실력을 의심하거나 수업을 제대로 하는지 감시하기 위해서가 아닙니다. 우리 송이가 배우는 것을 저도 알아야 다음 주에 선생님이 오시기 전까지 복습을 할 수 있기 때문입니다. 영어 대화를 송이가 혼자 할 수는 없는 일이죠. 아무래도 할머니가 대화 상대가 되어주면 훨씬 더 재미있을거라고 생각했습니다. 수업이 끝난 후엔 선생님께서 일주일 동안 송이랑 대화할 내용을 써주시기도 했습니다.

그리고 선생님이 아이에 대해 궁금한 것을 물어보실 땐 그 내용을 글로 써달라고 부탁해보세요. 말로만 들으면 나중에 아이 엄마에게 정확한 내용을 전달할 수가 없습니다. 학습지 방문 선생님과 바로바로 소통을 하는 건 할머니지만 그에 대한 의견은 엄마와 언제나 상의를 해야 하니까요.

마지막으로 100퍼센트 영어로 수업을 해달라고 부탁해보세요. 아이가 영어로만 말하다 보면 책에 있는 내용뿐 아니라 그동안 봤던 비디오, 엄마랑 카드놀이 등에서 배웠던 영어를 선생님과의 대화로 끌어낼 수 있습니다.

학교 선생님께
이렇게 인사했어요

제 아이들을 키울 때의 일입니다.

저는 아이들이 학년을 마칠 즈음 아이와 함께 선물을 준비해 담임 선생님을 찾아갔습니다.

"1년 동안 우리 아이들을 잘 가르쳐주서서 감사합니다."

진심으로 감사의 마음을 담아 고개 숙여 인사를 했습니다. 그러자 꽤 나이가 많으신 아들 담임 선생님이 놀라시더군요. 이제까지 교직에 몸담고 있었지만 학년을 마치고 아이의 손을 잡고 인사하러 온 엄마는 처음 봤다고 했습니다. 그 말을 듣고 오히려 제가 놀랐습니다. 학기 중에는 선생님에게 촌지를 건네는 학부모들이 그렇게 많은데 정작 학기가 끝나면 찾는 사람이 없다는 말이니까요.

사실 학년 초가 되면 많은 부모들이 담임 선생님에게 촌지를 건네기도 한다는 걸 아이들의 봄 소풍을 따라가서야 알게 되었습니다. 그때 만난 학부모들이 촌지를 준 이야기를 하더군요. 그 말을 듣고는 괜히 마음이 흔들렸습니다.

'나도 촌지를 줘야 하나?'

선생님께 촌지나 선물을 주는 이유는 '우리 아이를 잘 봐달라'는 뜻입니다. 그건 곧 '다른 아이들은 내버려두고 우리 아이만 잘 봐달라'는 뜻일 수도 있지요. 그리고 이런 생각도 들었습니다.

'촌지를 주고도 내가 우리 아이에게 당당할 수 있을까? 또, 아이에게 오늘 선생님께 돈을 드렸으니 내일부터 선생님께서 너를 잘 가르쳐주실 거야 같은 말을 할 수 있을까?'

아무리 생각해봐도 아이의 교육에 도움 되는 일이 아니었습니다. 어쩌면 당장에 이익이 생길 수는 있어도 훗날 우리 아이가 바른 삶을 살아가는 데 전혀 도움이 되지 않겠지요. 저는 누군가에게 잘 보이기 위해 촌지나 선물을 주기보다 바르게 살아갈 수 있는 방법을 아이들에게 가르쳐주고 싶었습니다. 그래서 촌지는 절대 주지 않겠다고 다짐을 했죠. 그저 우리 아이들의 담임선생님이 비양심적인 행동을 하는 교육자가 아니길 바랐습니다.

그렇게 결심을 하고 며칠 후 스승의 날이 되었습니다. 스승의 날이니 선생님에게 감사의 선물을 드리는 것이 마땅하긴 한데, 그것 또한 내 아이를 관심 있게 봐달라는 뜻처럼 생각되어 마음이 허락하지 않더군요. 오랜 시간을 고민했습니다. 어떻게 하는 게 좋을까. 그러다 결국 저는 봉투 겉에 아이의 이름을 쓴 후 소정의 금액을 넣었습니다. 아이에겐 엄마의 심부름이라고 하며 선생님께 전해드리라고 했습니다. 그리고 며칠 후 학부모회의 참석 차 학교에 갔더니 담임 선생님뿐 아니라 다른 선생님들까지도 저를 알아보시고 반겨주셨습니다.

학교 선생님들이 저를 알아보신 데에는 다른 이유가 있었습니다.

담임 선생님께 드린 봉투 안에는 한 장의 편지도 같이 넣어두었습니다. 그 내용은 운동 선수들에게 아이스크림을, 합창 단원들에게 사탕을 사주십사 부탁드리는 것이었죠. 담임 선생님께선 교무실에서 체육 선생님과 음악 선생님에게 돈을 전달하며 공개적으로 누구 엄마가 주신 것이라고 밝혔다고 합니다.

저에게 촌지는 그런 것이었습니다. 다른 이들이 다 알아도 부끄러움이 없는 것이지요. 학년이 끝난 후 선생님을 찾아뵌 것도 그 연장선이었습니다. 1년 동안 아이들을 위해 고생하셨으니 마땅히 감사의 인사를 드리는 게 도리라고 생각했습니다. 하지만 다른 엄마들은 저를 이상한 사람으로 생각했습니다.

"이왕에 선물을 할 거면 학년 초에 해서 아이들에게 이익이 되게 하지 끝나고 나서 왜 하느냐?"

누군가는 이렇게도 말했습니다.

엄마가 바보 같이 보여도 좋습니다. 사람들이 흔히 생각하는 이익이라는 게 무엇인지는 모르겠지만, 제가 생각하는 이익은 아이들이 바른 인성을 가진 어른으로 성장하는 것입니다.

지금은 송이 엄마가 송이의 학교 선생님에게 저처럼 인사를 하고 있습니다. 학년이 끝날 즈음에 담임 선생님을 찾아뵙고 인사하는 모습을

보면 그때의 제가 흔들리지 않고 소신 있게 행동한 것이 얼마나 다행인
지 모르겠습니다.

　선생님에게 마음을 전달해보세요. 이런 모습 하나하나가 아이에게는
올바른 본보기가 될 것입니다.

아이가 숙제를
하기 싫어할 때

제 아들이 초등학교에 입학하고 얼마 지나지 않아 국어 쓰기 숙제를 받아왔습니다. 선생님이 내준 것이니 알아서 잘할 거라고 생각했습니다. 그런데 아들은 숙제를 뒤로 미루고 놀기만 했습니다. 그 이후에도 마찬가지였습니다. 선생님이 내준 숙제를 미루고 놀기만 하더군요.

무엇이든 억지로 시키는 것은 내키지 않는 일이라 강요하지는 않았습니다. 그 대신 달래도 보고, 구슬려 보기도 했지요. 그런데도 숙제를 할 생각이 없는 것을 보고는 '그냥 숙제 하지 말라'고 이야기했습니다.

숙제를 해가지 않아서 선생님에게 야단이든 매든 맞아도 보고 그러면서 학교생활에 차차 적응해나가는 것이겠지요. 숙제를 하는 게 좋을지, 아닌지는 스스로 결정을 하도록 아이에게 결정권을 주고 싶었습니다.

아들은 글자를 일찍 깨친 탓에 국어 쓰기 숙제는 거의 외면했습니다.

출퇴근을 할 때 우리 집 앞을 지나가는 선생님께 잠시 들러주십사 요청해 선생님의 힘을 빌려보아도 마찬가지였습니다. 얼마나 국어 숙제를 등한시했는지 초등학교 6년을 다니는 동안 겨우 열 번도 하지 않았을 겁니다. 오빠가 그러니 덩달아 동생(송이 엄마)도 숙제를 하지 않게 되더군요.

이미 큰 아이에게 길들여진 저는 딸에게도 이렇게 말했습니다.

"얘야, 너도 하지 마라."

말은 그렇게 했지만 여간 걱정이 아니었지요.

'어떻게 해야 자발적으로 숙제를 하게 만들 수 있을까?'

한참을 고민하다 딸의 담임 선생님에게 짧은 편지를 썼습니다.

'선생님. 우리 아이가 숙제가 싫어서 안 했답니다. 많이 혼내주세요.'

아들 편에 보낸 편지는 아침 조례 시간에 딸의 담임 선생님에게 전해졌습니다. 선생님은 그 편지를 읽으시곤 딸을 야단치셨죠. 그날의 일을 아직도 기억하고 있는 딸은 짐짓 원망하는 말을 하곤 합니다.

"엄마가 숙제 하지 말라고 한 건 좋았는데……. 그렇게 할 줄은 정말 몰랐어."

솔직히 제가 딸의 뒤통수를 제대로 친 것이긴 하죠. 딸의 입장에서 아마 많이 억울했을 겁니다.

송이가 초등학교에 입학한 후에 '숙제'는 또다시 저의 화두가 되었습니다. 아주 오랜 시간이 지났는데도 숙제로 골머리를 앓는 이 기시감은 뭘까요?

‘하기 싫으면 억지로 하지 말라’는 말을 하고 선생님에겐 ‘혼내주세요’ 같은 편지를 전해주는 일을 반복할 수는 없지요. 그렇게 해도 아이가 숙제를 능동적으로 하지는 않더라고요. 일단 구슬리기, 또 구슬리기, 계속 구슬리기…….

아이에게 억지로 무언가를 시킬 수 없는 노릇이라 제가 자주 쓴 방법은 ‘구슬리기’였습니다. 그러다 아이와 함께 재미있게 숙제 하기를 시도해보았습니다. 송이의 관심사는 특히 영어에만 집중되어 있었던 탓에 다른 과목에 대해 별로 흥미를 느끼지 못했습니다. 흥미를 느끼지 못하니 재미가 없고, 재미가 없으니 하지 않게 되고, 하지 않게 되니 더 모르게 되고, 모르게 되니 흥미를 느끼지 못하는…… 마치 악순환처럼 반복되었습니다.

애당초 구슬려서 될 수 있는 일은 아니었습니다. 때문에 숙제가 있으면 송이와 함께 일단 책상에 앉습니다. 그리고 숙제의 성격을 파악한 다음 그것이 얼마나 재미있는 일인지 이야기처럼 꾸며 들려주기도 했습니다. 아이가 모르는 것은 일일이 가르쳐주면서요. 그랬더니 송이도 점차 흥미를 느끼기 시작했습니다.

우리 아이,
숙제를 잘하게 하고 싶다면!

학교에서 숙제를 내주는 이유는 단지 배운 것을 복습하라는 뜻만 있는 것은 아닙니다. 아이 스스로 시간을 효율적으로 사용할 수 있도록 연습을 시키고 자발적으로 공부하는 습관을 키우게 하려는 것이지요. 그런데 숙제를 하지 않아 아이가 혼날 것을 걱정해 엄마가 해줘버린다면 아이의 공부 습관을 키울 수 없겠지요. 숙제를 하지 않는 아이의 90퍼센트는 숙제를 해야 하는 것을 알지만 하지 않는 것이라고 합니다. 그런 아이에게 숙제가 얼마나 중요한지를 강조하는 건 별 의미가 없습니다. 그냥 듣기 싫은 잔소리로만 들리겠지요.

아이 스스로 숙제를 하는 습관을 들이고 싶다면 먼저 시간 계획표를 짜도록 도움을 주세요. 숙제 달력을 따로 만들어 숙제 마감 날짜를 체크해두는 것이죠. 그리고 아이에게 마감일까지 날마다 숙제할 분량을 직접 써보라고 합니다.

아이는 숙제 걱정을 합니다. 그건 어디까지나 머릿속의 추상적인 생각일 뿐이죠. 하지만 그날그날 해야 할 분량이 시각적으로 구체화되어 있으면 아이는 계획에 따라 움직이고자 노력할 것입니다.

두 번째로는 숙제를 끝내면 아이에게 적절한 보상을 해주는 것도 한 방법입니다. 위에서 언급했듯 보상은 아이에게 동기부여를 줍니다. 숙제를 하는 데 보상을 하다 보면 오히려 나쁜 습관이 들지는 않을까, 걱정할 필요는 없습니다. 숙제 하는 습관을 키우다 보면 자연스럽게 보상과 상관없이 숙제를 하게 되어 있으니까요.

존경받는 부모가 되고 싶나요?

저의 어린 시절을 생각해보면 존경했던 어른은 많지 않았습니다. 내가 아이이고 상대방이 어른이기 때문에 억지로 따른 적이 더 많았지요. 어린아이의 눈으로 봐도 내가 본받고 싶은 어른과 그렇지 않은 어른은 구별이 되었던 것 같습니다. 그들의 행동, 말투, 태도 등을 통해 알아차리게 되지요.

이처럼 어른들만 아이들의 성품을 보는 게 아닙니다. 어른과 아이가 다른 점이 있다면 어른은 칭찬을 하거나 야단을 치는 위치에 있지만 아이는 혼자 느끼고 판단한다는 것이겠지요. 그런 아이에게 "우리가 너의 부모니까 존경해야 한다"라고 해서 존경을 받을 수는 없습니다. 존경은 강제로 얻을 수 있는 것이 아니니까요.

대부분의 부모들이 아이가 자신을 존경하는 것을 당연한 의무처럼 생각하는 것 같습니다. '내 아이니까 나를 존경하고 있을 것이고, 내 아이니까 나를 사랑할 것이다' 어쩌면 이렇게 믿고 있는지도 모르지요. 하지만 어른이기 때문에, 부모이기 때문에 무조건 존경의 대상이 될 수는 없습니다. 부모에게 사랑받기 위해서 아이가 나름대로 노력하는 것처럼 부모도 노력이 필요하지요.

그럼 어떻게 노력해야 존경받는 부모가 될 수 있을까요?

아이를 보면 답이 나옵니다.

우리 아이들도 그랬지만 송이도 어른들에게 사랑받기 위해 자신이 먼저 사랑을 주었습니다. 사실 많은 이들은 아이가 가족에게 사랑을 받았기 때문에 그 아이도 자연스럽게 사랑을 주는 것이라 생각합니다. 하지만 아이 또한 스스로 사랑받기 위해 먼저 가족에게 사랑을 주기도 합니다. 가족들에게 귀엽고 예쁜 짓을 하거나 다른 이의 마음을 살피고 행동하는 것도 다 그 일환이지요. 사랑을 받기 위해서는 먼저 사랑을 줘야 한다는 것을 아이들은 알고 있습니다.

존경도 마찬가지입니다. 존경받고 싶다면 먼저 아이의 인격을 존중해야겠지요. 아이들은 자신이 존중받는다고 느낄 때 마음의 문을 엽니다. 아이들을 존중하는 방법은 그리 어렵지 않습니다. 아이의 말에 귀를 기울이고, 아이의 생각을 수용하면 됩니다. 어른들도 마찬가지지만 아이들도 자신을 이해해주고 알아주는 사람에게 특별한 감정을 가집니다.

그 다음은 말과 행동이 일치하고 일관성이 있어야 합니다.

아이에겐 공부 때문에 야단을 치지 않겠다고 해놓고선 막상 성적이 나쁘다고 야단을 치거나, 같은 잘못을 두고 어떤 때는 화를 내고 어떤 때는 무관심한 부모들도 있습니다. 이러한 일이 반복되면 아이들은 도대체 뭘 어떻게 해야 옳은지 판단이 어려워집니다. 그리고 일관성이 없는 부모를 신뢰할 수 없게 됩니다.

마지막으로 아이들의 친구가 되어야 합니다. 아이들이 부모를 만만하게 대하면 어쩌나 하는 걱정이 앞서 오히려 더 엄격하고 무서운 부모가 될 필요는 없습니다. 그럼 말 그대로 그냥 무서운 부모가 될 뿐이지 존경받는 부모가 되지는 못하지요. 두려움을 가지게 해 복종을 시키는 것과 존경을 하게 해 자발적으로 따르게 하는 것은 분명히 다릅니다.

할머니가 키운 아이들이 예의가 바르고 품성이 좋다는 연구 결과가 나오는 것만 봐도 알 수 있듯 아이들에게 필요한 건 따뜻한 사랑과 자신을 이해해주는 친구 같은 부모이지요. 모든 이야기를 다 할 수 있는 친구처럼 스스럼없는 부모는 오히려 존경의 대상이 됩니다. 나그네의 옷을 벗긴 것이 차가운 겨울바람이 아니라 따뜻한 여름 햇볕인 것처럼 따뜻한 사랑이 아이의 마음을 활짝 열어주기 때문이지요.

저는 우리 송이를 키우며 '존경받겠다'라는 생각을 한 적이 없습니다. 존경받기 위해서 아이를 키우는 것이 아니니까요. 하지만 송이를 존중하고, 제가 한 말에 책임을 지려 애쓰고, 친구처럼 가까운 사람으로 있기 위해 노력했지요. 그러다 보니 어느새 송이의 예쁜 입에서 '할머니, 사랑해요'라는 말이 자주 나오게 되었습니다. 저는 그 말이 '할머니, 존경해요'의 또 다른 뜻이라고 생각합니다. 제가 송이를 사랑하기 때문에 존중하는 것처럼 송이도 저를 사랑하기 때문에 존경하는 것이라고요.

어쩌면 따뜻한 볕이 되는 것보다 차가운 바람이 되는 게 부모 입장에서는 더 편하고 쉬운 길일 수도 있습니다. 화내고 야단치고 강요하면 당장에는 어떤 효과든 나타날 테니까요. 하지만 그 효과는 오래가지 않습니다. 또한 그러한 태도는 아이의 존경을 얻을 수도 없습니다.

존경받는 부모도 행복하지만 부모를 존경할 수 있는 아이들은 더 행복하답니다. 부모를 존경하는 아이는 부모의 존재만으로도 앞으로 나아갈 수 있는 힘을 얻기 때문이지요. 그것도 더 행복한 마음으로 말입니다.

엄마의 자리는
할머니가 지켜주세요

할머니가 '오냐오냐' 하고 키우면 아이의 위치가 할머니 위에 있을 때가 있습니다. 그러면 관계가 애매해집니다. 이런 경우이지요.

엄마가 아이에게 숙제를 줍니다. 아이는 숙제가 하기 싫어 할머니에게 안 하겠다고 하죠. 그럼 할머니는 공부에 시달리는 아이가 안쓰러워 딸 또는 며느리에게 아이에게 숙제를 내지 말라고 합니다. 이럴 경우 엄마들은 난감합니다. 어른이 시키는 걸 무조건 무시할 수도 없고, 그렇다고 아이에게 숙제를 내주지 않을 수도 없지요. 할머니의 말을 듣고 엄마들이 숙제를 내주지 않으면 서열이 꼬이기 시작합니다. 이밖에도 할머니와 엄마, 아이의 관계 맺기에서 일어나는 어려움은 참 많습니다.

사람이다 보니 서운한 점이 있을 수도 있고 서로 바라는 지점이 다르기도 합니다. 하지만 또 사람이다 보니 서로를 이해하고 조정할 수도 있는 것이겠지요.

그런데 어떤 할머니들은 아이의 사랑을 독차지하기 위해 아이가 듣고 있는데서 엄마 흉을 보기도 합니다. 실제로 이 같은 예들은 주위에서도 종종 볼 수 있지요. 가장 가까이에서 자신을 보살피기에 믿고 의지하는 할머니가 엄마의 흉을 자꾸만 보게 되면 아이가 엄마를 우습게 여기게 됩니다. 심지어 할머니까지도 우습게 여기게 되지요. 엄마를 무시하는 말과 행동을 하는 할머니를 존중하기가 힘들 테니까요. 이런 경우에 아이는 할머니도 엄마도 좋아할 수 없어 외톨이로 성장하게 됩니다.

만에 하나 그렇지 않고 할머니만 좋아하고 의지해도 문제입니다. 훗날 할머니가 먼저 돌아가시면 엄마와의 관계가 제대로 맺어지지 않은 아이는 애정 결핍이 될 가능성이 높아집니다.

아이에게 엄마는 세상 그 자체입니다. 엄마가 바쁜 일로 아이를 직접 키울 수 없다고 해도 그렇습니다. 할머니가 보기에 부족한 점이 많은 딸이거나 며느리여도 변하지 않는 사실은 그 사람이 아이의 엄마라는 것입니다. 아이의 인생 전반에 지속적인 영향을 미치는 사람이지요. 이것이 엄마의 자리를 할머니가 지키고 보호해줘야 하는 이유입니다. 단지 엄마를 위해서만이 아니라 아이를 위해서도요.

그러기 위해선 아이 앞에서 엄마의 험담을 장난으로라도 해서는 안 되겠지요. 그리고 아이를 두고 엇갈리는 의견에 대해서도 사사건건 걸고 넘어가서는 안 됩니다. 아이가 보는 앞이라면 특히 말을 아껴야 합니다. 나중에 따로 자신의 의견을 말하는 것이 좋겠지요.

아이에겐 주 양육자인 할머니가 서열 1위인 경우가 있을 겁니다. 하지만 현명하고 지혜로운 할머니는 아이에게 엄마가 늘 서열 1위가 될 수 있도록 신경을 써야 합니다. 아이가 엄마를 더 좋아하는 건 너무나 자연스러운 일이니 섭섭하게 생각하지 마세요. 그래도 자신의 자녀들에게는 서열 1위인 엄마잖아요.

가족들의
이해와 배려가 필요해요

저는 젊은 할머니입니다. 다른 엄마들보다는 나이가 좀 많고, 다른 할머니들보다는 나이가 좀 적지요. 게다가 저는 자발적으로 송이를 맡았고, 송이를 키우면서 아주 많은 행복을 맛보았습니다. 하지만 육아를 맡게 된 할머니들이 다 저와 같은 입장은 아닙니다. 저보다 훨씬 더 연세가 많거나 건강하지 않은 할머니도 계실 것이고, 이제는 육아에서 벗어나 편히 쉬고자 했는데 어쩔 수 없이 아이를 맡게 된 할머니도 계실 겁니다. 아이들이 저마다의 상황과 개성을 가지고 있듯 할머니들 또한 저마다의 상황과 개성을 가지고 있지요. 게다가 양육은 많은 시간과 강도 높은 에너지를 요하는 일입니다. 설혹 할머니가 좋아서 하는 일이라 해도 정신적, 육체적 고단함은 어쩔 수 없이 겪게 되지요. 그래서 할머니 육아에서 가장 중요한 것은 가족들의 이해와 배려입니다. 할머니가 엄마의 자리를 지켜주기 위해 애를 써야 하는 것처럼, 엄마를 비롯한 가족들도 할머니의 육아에 적극적인 도움을 주기 위해 애를 써야 합니다.

할머니를 돕기 위해 가족들이 가장 중요하게 생각해야 하는 것은 공동 육아에 대한 마음가짐입니다. 주 양육자는 할머니지만 가족 모두가 양육자라는 것을 명심하는 것이 중요합니다. 내 일이 아니라고 생각하면 무관심해지는 법이지요. 시간이 나면 언제든 할머니를 잠시 쉬게 해주세요. 아이의 이유식을 만들거나, 동화책을 읽어주거나, 함께 놀아주는 것은 물론이고 아이의 교육 전반에 대해 관심을 가지고 적극적으로 참여하고 의논해야 합니다. 할머니가 마치 혼자 고군분투하는 느낌을 받지 않도록 유의해야겠지요. 아이를 키우는 일이 즐겁고 행복한 일이 되어야 하는데 외롭고 고된 일이 되어서는 안 됩니다. 할머니의 건강에도 좋지 않지만 내 아이의 정서에도 안 좋은 영향을 미치게 됩니다.

그리고 감사의 표현을 자주 전해주세요. 말하지 않아도 내 마음을 아시겠지, 같은 생각은 접으세요. 말 한마디로 천 냥 빚을 갚는다는 속담이 있듯 말은 굉장히 큰 힘을 가지고 있습니다. 고되고 힘들어 포기하고 싶다가도 딸이나 며느리가 따뜻한 말 한마디 해주면 바로 힘을 내는 게 할머니라는 존재입니다. 꼭 누가 알아주기를 바라서 손주를 맡은 건 아니지만, 진짜 아무도 알아주지 않으면 할머니 마음이 얼마나 서운할까요?

저의 경우엔 함께 살고 있는 딸이 집에 있는 시간엔 송이를 돌보았습니다. 하지만 부모님 댁에 아이를 맡기고 주말에 잠시 데려가는 가정이나 부모님 댁이 아주 먼 곳에 있어 한 달 단위로 아이를 보러 내려가는 가정의 할머니들은 육아에 대한 부담이 훨씬 더 클 수밖에 없을 겁니다.

이런 경우에는 할아버지의 전적인 사랑과 배려가 필요합니다.

송이 할아버지는 아이를 위해 동화책을 읽어주거나 저 대신 놀아주는 일은 드물었습니다. 하지만 저와 송이가 즐겁게 놀고 있을 때 그 분위기를 깨지 않기 위해 조심했지요. 우리 송이는 저녁잠이 없어서 늦게까지 놀고 아침에 늦게 일어나는 편이었습니다. 아이하고 놀면 바로 집중하기보다는 처음에 이것을 할까, 저것을 할까 조율할 시간이 필요합니다. 그러다 적당한 놀이를 찾아 집중해서 놀고 있을 때 할아버지가 회사에서 일을 마치고 오더라도 아이랑 놀던 것을 그만두고 일어나기가 쉽지 않았습니다. 할아버지는 그러한 상황을 이해하고 우리가 노는 것을 방해하지 않도록 조심하며 안방으로 들어갑니다. 또, 저와 송이가 놀고 있는 시간이 식사 시간이라도 밥 달라 성화를 부리지 않고 알아서 식사를 챙겨 먹었지요. 그러는 동안 한 번도 짜증을 내지 않았습니다. 송이 할아버지가 저와 송이를 배려하는 방식은 우리가 방해받지 않고 놀 수 있도록 내버려두는 것이었습니다.

만약 송이 할아버지가 그렇게 하지 않았다면 저는 남편 눈치까지 보느라 송이의 양육은 힘들었을 수도 있었을 겁니다.

제가 송이를 키우는 동안엔 서로 배려하고 도움을 주는 가족들 덕분에 별달리 힘든 일없이 잘 진행할 수 있었습니다. 딱히 가족끼리 양육 규칙을 정할 필요도 없었지요. 그런데 돌이켜 생각해보니 규칙을 정하고 가족회의를 했다면 좀 더 생산적으로 서로의 의견을 교환하고 행동 방침을 정할 수 있지 않았을까 싶습니다.

만약 가족의 배려가 자연스럽게 이루어지지 않는 가정이라면 아이의 양육을 주제로 정기적인 회의를 해 고쳐나가는 것도 한 방법이 될 것입니다. 가족회의에서는 서로의 양육에 대한 고민이나 생각도 나누고 최신 육아 정보도 나눌 수가 있습니다. 자신의 의견만 관철하는 회의가 아닌 효율적인 가족회의가 될 수 있도록 할머니가 직접 주최해보세요.

가족회의에도
규칙이 필요해요

01 | 아무리 사소한 일이라도 가족회의의 안건으로 제시할 수 있어야 합니다.

02 | 가족회의를 하는 동안에는 상대방의 말을 끝까지 들어주어야 합니다.

03 | 원하는 사항이 있을 때는 그 이유를 분명히 밝혀야 합니다.

04 | 주장을 할 때는 합당한 근거를 제시해야 합니다.

05 | 합의된 사항은 꼭 기록해 가족 모두 동의했다는 표시로 사인을 남깁니다.

06 | 기록은 가족이 돌아가면서 하는 것이 좋습니다.

.6.

할머니도
육아 스트레스를
풀 시간이 필요해요

친구들을 만나요

손주를 키우는 동안에는 친구들과의 관계가 소홀해지기 싫습니다. 엄마도 아이의 양육에 온 시간을 다 빼앗기고 친구들을 만나지 못하면 우울증에 걸리기도 하는데 할머니는 오죽할까요?

제가 처음 송이를 맡았을 때 제 친구들도 이런 걱정을 했습니다.

"손녀를 맡으면 네 시간이 전혀 없을 거야. 그리고 우리를 만날 수나 있겠니?"

친구들은 전처럼 나와 자유롭게 만날 수 없다는 생각에 아쉬웠을 겁니다. 저도 그 부분이 가장 아쉬웠지요. 오랜 세월을 함께 만나 서로의 속내를 다 알고 있는 친구들을 만나기 힘들다고 생각하니 갑갑하기까지 했습니다. 사람이 살다보면 가족에게는 절대 할 수 없는 이야기라는 게 있습니다. 오히려 친구에게 더 많은 위로를 얻을 때도 있습니다. 친구들과 만나 수다를 떠는 것만으로도 스트레스가 확 풀리기도 하지요.

그런데 집안에 갇혀 외출도 못하고 아이하고만 있어야 한다면 아무리 성격 좋은 할머니라도 우울해질 수밖에 없습니다. 마치 세상과의 끈이 툭 끊어져버린 것 같은 느낌이 들 수도 있습니다.

저는 1퍼센트 때문에 99퍼센트를 잃지 않는 관계 만들기를 해야 한다고 생각합니다. 아이를 키운다고 친구들과의 관계를 소홀히 할 수는 없었습니다. 주중에는 시간이 여의치 않아 만나지 못했지만 딸이나 사위가 있는 주말에는 친구들과 차 한잔 정도는 편안하게 마실 수 있었습니다. 친구들의 걱정대로 예전처럼 자유롭게 만나지는 못했지만 아쉬운 대로 서로의 근황과 마음을 전달하는 시간을 주기적으로 가졌습니다. 이러한 시간이 있었기에 아이와 집에만 있는 날이 많아도 그다지 외롭지 않았습니다.

할머니 육아가 힘든 가장 큰 이유는 인간관계의 단절이라고 합니다. 육아에만 올인 하지 않고 친구들과의 관계를 계속 이어나가며 정신 건강을 챙기는 것은 정말 중요한 일이지요. 또한 손주의 육아를 맡은 친구들과 육아 정보를 교환하거나 서로의 고충을 토로하는 일도 필요합니다.

그러나 여유를 가지고 싶어도 상황이 여의치 않은 할머니들도 분명 계실 겁니다. 외출을 하는 동안 아이를 봐줄 만한 사람이 없을 경우겠지요. 하지만 만약 그렇지 않다면 짬짬이 시간을 내 친구들과 만나 밥도 먹고 차도 마시고 수다도 떨어야 합니다. 가족들은 할머니가 그러한 시간을 가질 수 있도록 충분히 배려해주어야 하고요. 때로는 친구들과의 수다가 만병통치약이 될 수도 있다는 걸 잊지 마시기 바랍니다.

취미 생활은
꼭 만드세요

저는 송이를 가르치며 영어 공부가 취미 생활이 되어버렸습니다. 사실, 영어를 잘하면 여러모로 도움이 될 일이 많지요. 제가 사는 곳은 경주여서 외국인들을 만날 기회가 많습니다. 여행객들이 길을 물어볼 때 당황하지 않고 대답을 해주는 것도 소소한 기쁨이었습니다. 해외여행을 갈 때도 유용하게 쓰이지요. 게다가 영어 방과 후 수업 자격증까지 따냈으니 송이의 양육은 그야말로 제겐 새로운 삶을 사는 기회였어요.

저는 그리고 또 하나의 취미인 '퀼트'에도 도전했습니다. 여성복지회관에서 취미 교양 프로그램 중 하나로 마침 퀼트가 있는 것을 보고는 과감하게 도전해봤습니다. 인기 있는 취미 기술 교육 중에 양장, 계량 한복이 있었는데 그런 프로그램은 그 전날부터 대기에 올려두어야 등록이 가능할 정도로 인기가 많습니다.

손끝에서 예쁜 지갑이나 가방이 만들어질 때마다 얼마나 기쁜지 말로 표현할 수 없을 정도입니다. 제 안에도 작품을 만들어보고 싶다는 욕심이 강하게 있었나봅니다.

그러던 차에 어느 날은 송이 엄마로부터 전화가 왔습니다.

"엄마, 엄마가 만든 거 구입할게요. 오빠도 하나 구입하겠대요."

정말 뜻밖의 전화였습니다. 취미로 배우기 시작한 건데 사겠다는 사람이 나타나다니. 첫 번째 고객이 딸과 아들이어도 그저 신기하기만 했습니다. 아마도 이런 게 일상의 소소한 기쁨이 아닌가 싶습니다. 그리고 이러한 기쁨이 인생의 진정한 낙이라는 생각도 들었습니다.

육아를 맡은 할머니들이 하루 24시간 내내 아이와 놀아주어야 하는 것은 아닐 겁니다. 의지만 있다면 틈틈이 취미 생활을 즐길 수 있지요. 평소 적성에 맞고 관심이 많았던 것을 찾아내어 열심히 해보는 것은 어떨까요? 독서, 그림 그리기, 노래, 춤, 뜨개질, 영화 보기 등등. 세상에는 약간의 관심만 있어도 즐길 수 있는 것들이 많습니다.

이러한 취미 생활은 자신의 육아 스트레스를 해결해줄 뿐 아니라, 훗날 아이를 부모 품에 돌려주었을 때 헛헛한 마음을 위로해주는 장치도 될 수 있습니다. 나이가 들었다고 뒷걸음칠 필요는 없습니다. 그저 약간의 용기만 내면 됩니다. 나도 할 수 있고, 배울 수 있다는 용기요.

지금 우리들은 예전과 달리 수명이 훨씬 더 길어진 세상에 살고 있지요. 그만큼 노년의 삶은 길어졌습니다. 당연히 노는 시간도 많아졌고요. 이왕에 길어진 시간을 그냥 무력하게 보내면 아깝지 않을까요. 보다 행복하게 살기 위해서라도 좋아하는 것을 만들고, 또 그것에 집중하는 즐거움을 가지는 것은 어떨까요?

저는 저뿐만 아니라 많은 할머니들이 저와 같은 용기를 가질 수 있다고 생각합니다. 늦었다고 생각되는 순간이 가장 빠른 때라는 말이 있지요. 나이가 들어서 못하겠다는 말은 변명에 지나지 않습니다. 나이가 들어도 더 재미있고 더 행복하게 살 수 있는 방법은 얼마든지 있으니까요. 아니, 오히려 나이가 들었기 때문에 더 새롭게 인간관계를 만들어나갈 수도 있고 더 큰 여유를 가지고 자신의 소질을 개발할 수도 있습니다.

아이의 교육에서 가장 중요한 건 아이가 자기 자신을 믿는 사람으로 자라게 하는 것이라고 합니다. 할머니들도 마찬가지입니다. 자신을 믿어보세요. 사실, 우리는 그렇게 늙지 않았고 많은 가능성을 가지고 있다는 걸 깨닫는 기회가 될 겁니다.

노인복지관의 프로그램을 활용하세요

각 지역에서는 노인복지관을 운영하고 있습니다. 노인복지관마다 조금씩 다르긴 하지만 스포츠 교실, 노래 교실, 컴퓨터 교실, 건강 교실, 외국어 교실 등 노인들이 여가 시간을 즐길 수 있는 프로그램이 다양하게 마련되어 있습니다. 또한, 노인 상담, 일자리 알선, 건강 검사 등 실생활에 필요한 프로그램도 많으니 자신이 거주하는 지역의 복지관을 충분히 활용하는 것도 행복한 노후를 준비하는 한 방법일 겁니다.

종종 아이와
데이트를 해보세요

아이를 키우는 동안 알게 모르게 받는 스트레스가 있을 수 있습니다. 그런데 역설적이게도 바로 그 아이가 스트레스를 풀어주는 약이 되기도 합니다. 저도 그랬답니다. 송이가 웃거나 애교를 피울 때는 물론이거니와 송이와 데이트를 하는 시간도 저에겐 보약이었습니다.

"할머니랑 데이트할래?"

가끔 송이에게 이렇게 물었습니다. 그럼 송이는 '데이트'라는 말이 재미있는지 아주 좋다고 야단이죠.

송이의 허락도 구했겠다, 재미있게 데이트할 기대감에 부풀어 외출복으로 갈아입습니다. 송이도 예쁜 옷을 입히고요. 그런 다음 우리 둘은 경주 시내로 나가 맛있는 것도 사먹고 쇼핑도 하지요. 송이가 고쳤으면 하는 습관이 있으면 그것에 대한 이야기를 나누기도 합니다.

한번은 송이와 데이트를 하면서 송이가 들려주는 온갖 이야기에 귀를 기울였습니다. 교회에서 찬양하며 율동을 즐겼던 이야기, 학교에서 있었던 이야기 등을 쉬지 않고 재잘거리는 송이의 모습은 정말 예쁘고 사랑스러웠습니다. 그리곤 저를 위해서 교회에서 배운 노래를 불러주기도 했지요.

"하늘나라 왕의 자녀답게 살아갈 거야."

송이가 몇 번이나 불렀던 노래라 후렴구를 따라 불렀습니다. 그리고 노래가 끝난 후에 물어보았지요.

"은송아, 하늘나라 자녀답게 사는 것은 어떤 것이니?"

"음……. 착하게 살아가는 거지."

"맞다. 착하게 살아가는 거야."

"그런데, 송아. 학교에서 선생님께서 칭찬 많이 안 해주셔서 속상했지?"

송이가 조금 전에 한 말이 생각나 물었습니다.

"응. 친구랑 같이 했는데도 선생님은 그 친구만 칭찬해줬어."

"마음이 많이 상했겠다."

"나도 칭찬 듣고 싶은데……."

"은송아, 왕의 자녀답게 살고 싶지? 왕의 자녀답게 사는 것은 칭찬을 안 해줘도 속상해하지 않는 거야. 그리고 학급을 위해 네가 할 수 있는 것을 기쁜 마음으로 하는 거란다."

"그래도 친구들처럼 칭찬 듣고 싶어."

"우리 송이가 칭찬하고는 상관없이 뭐든지 기쁘게 하는 것을 알면 엄마 아빠도 흐뭇해할 거야. 우리 예쁜 딸이 키만 자란 것이 아니라 마음도 많이 자랐구나 하면서 말이야. 할머니도 은송이가 칭찬과 상관없이 예쁘게 학교생활 한다고 생각하면 진짜 즐거워. 은송아, 선생님이 칭찬하지 않아도 기쁜 마음으로 해봐. 그럼 즐거워질 거야."

"응, 할머니. 그렇게 해볼래."

"우리 은송이 정말 예쁘다. 이제 많이 컸구나. 할머니가 말하는 것도 다 알아듣고. 역시 은송이는 할머니의 손녀야. 은송아, 사랑해."

"나도 할머니 많이 사랑해."

우리 둘은 서로의 뺨에 뽀뽀까지 하면서 사랑을 확인했습니다.

그리고 다음 날 아침이 되었습니다. 송이 엄마는 방에서 나온 송이에게 "송아, 아침에 선선할 때 공부 좀 하고 밥 먹자"라고 말했지요. 그러자 송이는 "엄마, 일찍 일어나서 오늘 공부할 것 다했어"라고 대답했습니다. 송이 엄마는 송이의 변화에 어제의 데이트가 큰 역할을 했다는 걸 눈치채곤 물었습니다.

"어제 할머니랑 무슨 이야기 했니?"

"비밀이야."

저에게 눈까지 찡긋하며 그렇게 말하는 송이가 어찌나 귀여웠던지 저도 모르게 웃음이 흘러나왔습니다.

손녀에게 데이트 신청을 해보세요. 그리고 그날 하루 멋지게 차려입고 시내에 나가 맛있는 음식도 먹고 서점도 가고 쇼핑도 해보세요. 아이뿐만 아니라 할머니도 즐겁고 행복한 시간을 보낼 수가 있습니다.

혼자만의 시간도
필요해요

한국의 많은 여자들은 엄마가 된 이후로 혼자만의 시간을 가진 적이 거의 없을 겁니다. 육아에다 남편의 뒷바라지 등으로 바쁜 시간을 보내지요. 집에 혼자 있다고 혼자만의 시간을 갖는 것도 아닙니다. 산더미처럼 쌓여 있는 집안일을 해나가다 보면 하루해는 금방 떨어지기 마련이니까요. 저도 그랬습니다. 시부모님까지 모시고 살았던 젊은 시절엔 제 시간이라는 게 있을 수가 없었죠. 나이가 들어서도 마찬가지였습니다. 아이들과 남편의 뒷바라지를 하느라 한적하게 앉아 차 한잔의 여유를 즐길 시간을 갖지 못했습니다. 이제는 여유가 좀 생기려나 생각했을 때 손녀 송이를 맡기로 했으니, 혼자만의 시간은 말 그대로 물 건너가버린 것 같았습니다.

하지만 손녀를 키우다 보니 내 아이들을 키울 때와는 달리 마음만 먹는다면 얼마든지 제 시간을 가질 수 있다는 걸 알게 되었어요. 제 아이들의 양육은 온전히 제 책임이었습니다. 하지만 손녀 송이에겐 저 말고도 할아버지, 아빠, 엄마가 있죠. 그 말은 즉, 저도 가끔씩은 저만의 시간을 위해 손녀를 다른 가족에게 맡길 수 있다는 것을 뜻합니다.

'송이를 키우고 있으니 24시간 내내 무조건 송이 옆을 지켜야지.'

이런 고집만 가지고 있지 않다면요. 사실 이런 고집은 '내가 아니면 안 된다'라는 생각에서 기인합니다. 아이의 양육을 주도적으로 맡고 있는 사람이 자신이라도 때때로 다른 가족들에게 아이를 맡기고 자신만의 시간을 즐겨보세요.

저는 혼자만의 시간을 주기적으로 가졌습니다. 카페에서 차 한잔을 마시는 시간, 혼자 쇼핑하는 시간, 서점에 들러 신간 서적을 둘러보는 시간 등등을 가지면서 저 자신을 쉬게 하는 여유를 가졌지요. 그리고 그러한 시간은 마음의 에너지가 충전되는 시간이기도 했습니다. 육아를 맡은 할머니뿐 아니라 엄마들도 가끔은 혼자만의 시간에 목말라할 수 있습니다. 사람은 때로 모든 관계를 벗어나 온전히 혼자만의 시간을 필요로 하는 법이니까요.

젊은 시절에 저는 시부모님과 남편의 눈치를 보느라 감히 '혼자만의 시간'을 가지겠다는 말을 꺼내보지도 못했습니다. 지금 생각해보면 그 것도 용기가 필요한 일이었는데, 그런 용기를 부리지 못한 게 아쉽기도 합니다.

하지만 지금은 시대가 달라졌으니 할머니들뿐 아니라 엄마들도 과감하게 가족에게 '혼자만의 시간'이 필요하다고 말해보세요. '혼자만의 시간'은 자신이 충전되는 시간이고 앞으로 더 많은 것을 해낼 수 있는 준비의 시간이라고 가족들을 설득해보는 것은 어떨까요?

저는 '혼자만의 시간'을 가질 수 있었기에 틈틈이 한숨 돌리며 좀 더 여유롭게 송이를 돌볼 수 있었습니다. 바쁘게 뛰어가기만 했다면 장거리 마라톤과 같은 아이의 양육을 끝까지 해내지 못했을지도 모릅니다. 하다못해 학교에서도 회사에서도 쉬는 시간이 있잖아요. 육아도 마찬가지입니다. 육아에서 쉬는 시간은 혼자만의 시간이고 그 시간이 있어야 장거리 선수처럼 지치지 않고 끝까지 갈 수 있습니다.

늙어가는 것이 아니라
지금보다 더 성숙해져가는 겁니다

송이 엄마와 저는 송이가 초등학교 2학년이 될 때까지 같이 살았습니다. 아이를 저에게 맡겨놓고 정말 열심히 공부했습니다. 경주서라벌대학교에 학사 편입학한 후엔 3년 동안 장학금을 받더니 수석으로 졸업하더군요. 아이를 저에게 맡겨놓고 하는 공부라 설렁설렁할 수가 없었을 겁니다. 하지만 저는 송이 엄마가 열심히 공부하는 모습을 보는 것만으로도 행복했지요. 대학을 졸업한 후엔 바로 유치원 선생님으로 취업을 했습니다. 취업을 한 후에는 학교를 다닐 때보다 더 바빠졌습니다. 송이 엄마에게는 대학원 진학이라는 꿈이 있었기 때문입니다. 대학 졸업식 날 딸이 저에게 약속을 하더군요. 대학원 졸업식 때 사각모를 씌워주겠다고요.

저는 딸이 자신의 꿈을 좇아 열심히 사는 모습만 봐도 배가 부릅니다.

꿈을 향해 달려가는 사람만큼 행복한 사람도 없어 보이기 때문입니다. 꿈을 이루거나 이루지 못하는 것은 나중 문제지요. 정말 중요한 것은 무언가에 열중하고 노력하는 모습이라고 생각합니다. 인생은 결과가 아니라 과정들이 모여 완성되는 것이니까요.

저는 인생은 늙어가는 것이 아니라 지금보다 더 성숙해지는 과정이라고 생각합니다. 사람은 나이가 들수록 수많은 과정을 거치게 되어 있지요. 그리고 그 과정들이 하나둘 모여 경험을 만들어내고, 그 경험이 지혜가 되고, 그 지혜가 우리를 한층 성숙한 인간으로 발전시키는 디딤돌이 되어줍니다.

저에게 송이의 양육은 이러한 과정 중 하나였습니다. 그리고 송이 엄마의 공부를 지켜보는 것도 이러한 과정 중 하나였지요.

살아 있는 한 제겐 늘 이 같은 과정이 있을 겁니다.

늙어간다고 한탄하지 마세요. 늙어가는 것 또한 인생의 한 과정입니다. 성숙해지기 위한 과정이지요. 그것도 앞으로 더 많은 시간을 행복하게 살기 위한 과정입니다.

아이를 키우고, 또 그 아이의 아이를 키우면서 저는 정말 많은 것을 얻었고 배웠습니다. 어쩌면 제가 아이들에게 준 것보다 아이들이 제게 준 것이 훨씬 더 많은지도 모르겠습니다.

그래서 자꾸만 이 말이 입 속에서 맴돕니다.

"아이들아, 사랑한다. 그리고 고맙다."

할머니도
아이를 독서광으로
만들 수 있어요

책 좋아하는 아이가 되려면

'아이에게 책을 많이 읽히고 싶다.'

　많은 부모들에게 이런 바람이 있을 겁니다. 하지만 막상 자녀들에게 책을 읽히려고 하면 그것이 쉬운 일은 아니라는 걸 깨닫게 되죠. 저도 제 아이들을 키울 때 이런 경험을 했습니다. 게다가 요즘 아이들은 책과 친해지는 기회를 가지기도 전에 텔레비전을 보거나 컴퓨터부터 배운다고 합니다. 심지어는 부모의 휴대폰을 만지작거리며 게임에 열중하기도 하죠. 이러한 환경에서 책을 가까이 하는 건 당연히 어려울 수밖에 없습니다. 그래서 저부터 텔레비전은 되도록 틀지 않고 컴퓨터나 휴대폰은 멀리하도록 조심했습니다. 그리고 항상 책을 가까이 두었습니다. 아이의 시선이 미치는 곳이라면 어디든지 책이 있도록 말입니다. 일단 정이 들려면 되도록 많이 접하는 게 좋습니다. 꼭 책을 읽지 않더라도 가까이에 책이 있다는 것을 알도록 말입니다.

그런 다음 송이가 책에 관심을 가질 수 있도록 제가 할 수 있는 온갖 방법을 다 동원했습니다. 인형으로 유인하거나 책을 손에 잡으면 안아도 주고 뽀뽀도 해주고 맛난 음식들도 만들어주었죠. 또한 한 권의 책을 읽어도 그냥 읽는 것으로 끝내지 않았습니다. 그림으로 표현하기, 스티커 붙이기, 독서나무 만들기 등등의 방법을 활용해 독서에 재미가 붙을 수 있는 장치를 만들었습니다.

처음엔 아이가 책에 관심을 보이지 않을 수도 있습니다. 이럴 때 많은 부모는 책을 억지로 읽히려고 하거나 잔소리를 하게 되죠. 그럼 아이는 책을 엄마에게 야단맞기 딱 좋은 물건으로만 생각하게 됩니다. 한번 책에 거부감이 들면 다시는 손이 가지 않습니다.

우리 아이가 책을 좋아하는 아이가 되길 바란다면 책을 가까이하지 않는다고 화를 내거나 야단치지 마세요. 억지로 읽히지도 마세요. 아이들이 가지고 노는 장난감을 생각해보세요. 아이가 장난감을 가까이하지 않는다고 화를 내거나 야단을 치는 엄마는 없죠. 당연히 억지로 장난감을 가지고 놀게 할 필요도 없고요. 아이는 장난감을 좋아해서 자연스레 가지고 놉니다. 책도 장난감처럼 접근할 수 있게 도와주세요. 동화책이 마치 장난감인양 아이의 주변에 깔아두는 겁니다. 아이는 책을 읽기보다 가지고 놀게 되지요. 입으로 물어뜯기도 하고 찢을 수도 있습니다. 그래도 가만 내버려두세요. 책과 친해지는 과정이니까요.

장난감으로만 여기던 책을 펼치고 그 안의 내용에 관심을 가지게 되었을 때 엄마가 읽어주면 됩니다. 아이들 책엔 그림이 많으니 그 그림을 보여주면서요.

글을 깨치고 책에 재미를 붙이면 아이 스스로 책을 읽게 됩니다. 엄마가 읽어주지 않아도 자연스럽게 독서 습관이 몸에 배인 것이지요. 이러한 과정을 거친 송이는 잠들기 전까지 책을 읽거나 그 자리에서 20권 이상의 책을 읽는 독서광이 되었습니다.

제가 경험해보니 아이를 독서광으로 만드는 건 그다지 어려운 일이 아니었습니다. 아이의 눈높이에 맞춰 몇 가지 방법을 활용해보세요. 아이들마다 성향도 취향도 달라 할머니나 엄마의 노력이나 걸리는 시간은 다를 수 있습니다. 그래도 인내심을 가지고 기다려주세요. 우리 아이가 책을 좋아하고 잘 읽는 아이가 되려면 올바른 독서 습관을 들이는 시간이 필요한 법이니까요.

제가 송이에게 활용한 책 읽히기 방법은 아래와 같습니다. 저는 인형으로 아이의 관심을 끌었습니다.

송이가 책을 읽었으면 좋겠는데 책에는 관심을 보이지 않을 때가 있었습니다. 아직 독서가 습관이 안 되어 있으니 자연스러운 현상이었죠. 그럴 때는 아이가 좋아하는 인형을 들고 와 대화를 시도합니다.

"노디야, 할머니와 책 읽자."

송이는 제가 노디와 노는 것을 보고도 못 본 척합니다. 그래도 상관없이 계속 인형에게 말을 시켜요. "우리 뭐 읽을까, 아, 이 책이 좋겠다, 재미있지" 이렇게요. 시간이 조금 지나면 송이는 저와 인형에게 관심을 보이기 시작합니다. 송이가 자기 입으로 같이 하고 싶다는 말을 하기 전까지 제가 먼저 같이 하자는 말은 절대 하지 않습니다.

"우리 노디, 책 한 권 다 읽었네."

노디에게 한 권의 책을 다 읽어주곤 포대기까지 가지고 와서 업어줍니다. 할머니 등에 업히는 것을 송이가 좋아한다는 것을 알고 있기 때문이죠. 아이들마다 좋아하는 것이 다르니 얼마든지 응용 가능합니다.

"할머니, 나도 하고 싶어."

"정말? 송이도 노디처럼 책 한 권 다 읽으면 업어줄게."

전 정말 반가워하며 송이에게 책을 읽어주고 책을 다 읽은 후엔 송이를 업어주었지요. 이 같은 방법은 송이에게 동화를 두 번 읽어주는 효과가 있습니다. 인형 노디에게 책을 읽어줄 때, 송이는 관심 없는 척했지만 제 이야기를 다 듣고 있었습니다.

이후로도 몇 번 이 방법이 통했습니다. 하지만 아이도 눈치가 있는데 늘 통하지는 않겠지요. 그럴 땐 여러 개의 인형을 소파에 앉혀 두고, '애들아, 할머니가 책 읽어줄게. 책 한 권 다 읽으면 간식 만들어줄게'라고 한 적도 있습니다. 약간씩 변형만 시켜도 아이는 관심을 가지고 다가와서 제 얘기를 듣게 되더라고요.

이 같은 방법으로 송이는 책에 흥미를 가지게 되었습니다. 일단 흥미를 가지게 되니 점점 스스로 찾아 읽게 되었습니다.

아이들이 좋아하는 것으로 보상해주세요

아이들에게 보상을 주는 건 동기 부여가 됩니다. 저는 송이가 책을 읽게 하기 위해 업어주는 것을 보상으로 주었지만, 아이들의 성향에 따라 다른 보상을 주는 것도 괜찮은 일입니다. 장난감이나 과자를 줄 수도 있고 머리를 쓰다듬거나 안아주는 것일 수도 있지요. 보상을 받으면 아이는 성취감을 느끼고 그 성취감을 다시 느끼고 싶어 바람직한 행동을 계속하려 하지요. 하지만 보상을 할 땐 주의해야 할 점이 다섯 가지 있습니다.

01 │ 어려운 과제보다는 쉬운 과제를 주는 것이 좋습니다. 그래야 성공 경험을 가질 수 있으며 만족감을 얻을 수 있습니다.

02 │ 보상은 즉시 이루어져야 합니다. 책을 다 읽은 뒤에 업어주겠다고 약속을 해놓고 그 다음 날에 업어주면 그건 독서에 대한 보상이 될 수 없겠지요. 그러면 아이는 부모의 말을 믿지 않게 됩니다.

03 │ 물질적 보상이 과해서는 안 됩니다. 아이의 기대심리만 높아지고 다음 보상에서는 전혀 만족하지 못하는 결과를 낳을 수도 있습니다.

04 │ 과제를 해결하지 못했을 경우에는 보상을 하지 않는 것이 좋습니다. 보상의 긍정적인 역할은 과제를 끝냈을 때 따라오는 만족감을 주는 것입니다. 그런데 과제를 하지 않아도 보상이 주어진다면 아이는 동기부여를 스스로 저버릴 수도 있습니다.

05 │ 물질적인 보상에서 정신적 보상으로 옮기는 것이 좋습니다. 처음엔 과자나 장난감이지만 나중엔 안아주는 것이나 칭찬으로 아이의 만족감을 끌어내도록 합니다.

단계별
독서 지도가 필요해요

저는 송이의 나이에 따라 단계별로 독서 지도를 했습니다. 아이들은 연령에 따라 책을 접하는 태도가 다릅니다. 다섯 살까지는 글을 모르니 당연히 본인이 책을 못 읽지요. 그래도 항상 아이 가까운 곳에 책을 두었어요. 언제든 만질 수 있고, 가지고 놀 수 있게요.

🦆 단계별 독서 지도

1) 0~3세 : 일단 아이 주변에 책을 많이 놓습니다. 장난감 통 속에 책을 넣어두는 것도 한 방법이에요. 장난감들과 책이 뒤엉켜 있으면 책에도 호기심을 가지게 되거든요.

송이는 책을 장난감처럼 가지고 놀았어요. 그러다 책을 펼치고 다양한 색깔의 그림을 뚫어지게 쳐다보기도 했지요. 이때의 아이들 책에는 그림이 많아 아이는 그냥 보는 것만으로도 재미를 느낍니다.

2) 3세~5세 : 아직 글을 못 읽는 송이에게 제가 주로 책을 읽어주었어요. 인형으로 유인하기 방법으로 책을 읽어주기도 하고, 테이프 동화나 인터넷 동화를 틀어주기도 했습니다. 직접 읽어주든 테이프로 들려주든 재미있게 표현하는 것을 찾는 게 중요합니다.

제가 읽어준 책은 '책 탑 쌓기'라는 놀이로 이어지게 했습니다. '책 탑 쌓기'는 다 읽은 책을 한 곳에 쌓아두는 것입니다. 책을 쌓는 작업은 송이가 옆에서 돕도록 했어요. 탑이 쌓여 있는 것처럼 보이니 시각적으로 재미가 있죠. 그리고 다 읽은 책의 모서리에는 스티커를 붙여서 그 책을 몇 번이나 읽었는지 표기했습니다. 그 작업 역시 송이와 함께했어요. 이 같은 방법은 같은 책만 읽지 않게 하는 효과가 있습니다. 결과적으로 책을 편식하는 걸 막는 데 도움이 되었죠.

3) 6세~7세 : 이 나이쯤 되었을 때 송이는 한글을 읽기 시작했습니다. 이 나이 때는 인형으로 유인하기 같은 방법은 통하지 않습니다. 다른 적당한 방법이 없을까 고민하다 '책나무 만들기'를 생각해냈습니다.

| 책나무 만드는 방법 |

1. 지난달 달력을 한 장 찢으세요.

2. 달력 뒤에 나무 몸통과 가지를 그리고 'OO의 책나무'라고 씁니다.

3. 색종이 한 장을 4등분해서 접고 잎사귀 하나를 그려 자르면 한꺼번에

이 방법은 책을 읽을 때마다 나뭇잎을 붙이는 재미가 있습니다. 나뭇잎이 하나씩 늘어날 때마다 송이는 뿌듯해하더군요. 게다가 자기가 좋아하는 것을 얻기 위해 책을 더 많이 읽게 되었습니다. 독서에 흥미를 붙인 후에는 적절한 동기 부여를 제공하는 것이 좋습니다. 동기 부여는 좋은 자극제가 되기도 하지요. 또한 결실을 맺는 만족감도 얻을 수 있습니다.

4) 8세 이후 초등학교 : 초등학교에 들어간 아이들은 학교에서 도서 목록을 받게 됩니다. 학교에서도 아이들의 독서 교육에 관심이 많습니다.

우리 송이도 초등학교에 입학하고 첫 여름방학이 되었을 때 도서 목록을 받았습니다. 여름방학 동안 읽을 책의 목록이었죠. 목록에 있는 책 중 읽은 책은 제목을 써서 제출하는 것이 과제였습니다. 저는 방학을 이용해 송이가 책을 많이 읽었으면 좋겠다고 생각했습니다.

일단 방학 동안 사용할 책나무부터 만들었습니다. 이번엔 잎사귀를 떼었다 붙였다 할 수 있게 나무를 그린 달력을 문방구에서 코팅을 했죠. 달력을 그대로 사용하는 것보다는 번듯해 보입니다. 그리고 한번 그려

둔 나무를 여러 번 이용할 수 있으니 편하기도 하지요.

송이는 자기가 읽은 책 제목을 잎사귀에 쓰면서 자연스럽게 '쓰기 연습'도 하게 되었습니다. 제목 중에 잘 이해가 되지 않는 단어가 있으면 저와 함께 사전을 찾아 알아보기도 했고요. 그렇게 하다 보니 여름방학 동안 무려 700여 권의 책을 읽는 열정을 보였습니다.

🦆 테마별 독서 지도

영아일 경우엔 굳이 테마별 독서 지도를 할 필요는 없습니다. 아이가 관심을 가지고 손이 가는 대로 내버려두는 것이 훨씬 중요하지요. 엄마가 읽어줄 때에도 재미있지만 짧은 동화를 읽어주는 것으로 아이의 흥미를 끌면 됩니다.

하지만 아이가 유치원에 다니기 시작하면 이것저것 닥치는 대로 책을 읽히는 것보다는 유치원에서 배우는 내용과 관련된 책을 보여주는 것이 좋습니다. 예를 들어, 그날 '숫자'를 배웠다면 숫자와 관련된 이야기를 찾고, '동물'을 배웠다면 동물과 관련된 이야기를 찾는 식이지요. 이 같은 방법은 아이가 하나를 알아도 좀 더 정확하게 알 수 있게 해줍니다.

단계별 독서 지도는 아이의 연령에 맞게 책을 접할 수 있는 기회를 제공합니다. 또한 책에 흥미를 느낄 수 있도록 유도하는 장점이 있지요. 이처럼 단계별 독서 지도와 테마별 독서 지도를 병행하면 아이는 독서에 더 빠져들게 됩니다. 아이의 연령과 성향을 고려하지 않고 무작정 아이에게 책읽기를 강요하면 아이는 책을 멀리하게 됩니다.

송이의 나쁜 버릇을 잡아준 친절한 그림책

♥ 〈악어도 깜짝, 치과 의사도 깜짝〉 비룡소, 고미 타로 지음

이를 치료하기 무서워하는 악어와 악어가 무서운 치과 선생님의 묘한 심리전이 재미있게 그려졌습니다. 무서운 치과에 가지 않기 위해서는 양치질을 열심히 해야 한다는 결론을 내려 양치질의 중요성을 알려주는 책이죠. 글이 많기는 하지만, 그림만 보고도 책의 내용을 쉽게 이해할 수 있어 어린아이가 보기에도 좋습니다.

♥ 〈난 토마토 절대 안 먹어〉 국민서관, 로렌 차일드 지음

지혜로운 오빠가 음식 투정이 심한 동생에게 상상의 음식을 만들어 편식 습관을 고쳐줍니다. 책을 따라 아이와 함께 음식에 재미있는 이름을 붙이다보면 아이는 먹는 것도 놀이로 받아들이게 됩니다. 아이가 싫어하는 재료를 자연스럽게 먹일 수 있는 볶음밥 만드는 순서를 재미있는 의성어를 사용해 알려주세요. 재미있어합니다. 또 책을 읽은 후 직접 아이가 싫어하는 재료를 넣어 볶음밥을 만들어보는 것도 편식 습관을 고칠 수 있는 좋은 방법이 될 겁니다.

♥ 〈밥 먹기 싫어〉 그린북, 크리스틴 슈나이더 지음

뭐든지 먹기 싫어하는 아이 루와 아빠의 저녁 시간을 담은 그림책입니다. 루

가 먹을 것을 모두 장미 나무에게 주고, 그런 장미 나무가 쑥쑥 자라는 것을 보며 아이도 자연스럽게 골고루 먹어야 한다는 것을 깨닫는 이야기입니다.

다 읽은 책은
재미있게 정리해요

책을 정리해두지 않았더니 몇 번이나 읽은 책을 또 읽게 되는 일이 생기더군요. 아무리 책이 많아도 눈에 띄는 책에만 자꾸 손이 가기 때문입니다. 그래서 숨겨진 작은 책들은 꺼내보지도 못한 채 읽는 시기를 놓치기도 했습니다. 아주 어릴 때 읽어주어야 하는 책은 나중에 아이가 자라면 보여줄 수가 없잖아요. 기껏 책을 구입해놓고 못 읽은 것들이 많아 아쉬웠습니다.

그러다 생각해낸 것이 책 정리법입니다. 그 방법은 다음과 같습니다.

1. 앞으로 읽을 책은 박스 속에다 정리하기

이미 읽은 책은 책장에 있습니다. 하지만 앞으로 읽을 책들은 박스 속에 차곡차곡 채워 넣었지요. 한글 책과 영어 책을 포함해 약 500권의 책을 다섯 박스에 나누어 담았습니다. 한 박스 당 약 100권의 책이 들어갑니다. 송이는 평소 1~2주 동안 100여 권의 책을 읽기 때문에 한 박스는 송이의 1~2주치 양식이 되는 셈이죠. 박스 겉에는 A, B, C, D, E로 이름표를 붙였습니다. 1~2주 간격으로 박스의 책을 돌려 보기로 했습니다. 마치 보물 상자를 열 듯 박스의 뚜껑을 열면 책이 '짠' 하고 나타납니다.

2. 박스에서 꺼낸 책은 예쁘게 진열하기

A박스 속의 책을 전부 꺼내 책장에 예쁘게 진열했습니다. 이때 아이가 함께 참여하도록 유도합니다.

3. 다 읽은 책은 거꾸로 꽂아두기

송이는 하루에 약 10권에서 20권 가량의 책을 읽습니다. 그렇게 읽은 책들을 다시 책장에 꽂을 때 거꾸로 꽂아둡니다. 그럼 어떤 책을 읽고 어떤 책을 읽지 않았는지 한눈에 들어오지요.

4. 책장의 책을 교체하기

A박스에 있던 책들을 다 읽으면 책장의 책들은 모두 거꾸로 꽂혀 있게 됩니다. 그 책들을 다시 A박스에 넣습니다. 그런 다음엔 B박스의 책들로 책장을 채웁니다.

5. 위의 방식으로 계속 책장의 책들을 교체하기

이 같은 방법은 아이에게 책을 골고루 보여줄 수 있는 장점이 있습니다. 또한 송이는 책장의 책들이 일정 시기마다 교체되는 것을 재미있어 했습니다. 책장의 책들이 바뀌는 건 이전의 책을 다 읽었다는 것을 의미하기 때문에 아이에게 성취감을 주기도 합니다.

저는 송이가 더 어렸을 때 이 방법을 활용하지 못한 게 후회가 됩니다. 하지만 늦었다고 생각할 때가 제일 빠르다는 말을 떠올리며 위안으로 삼았습니다. 책 정리 때문에 고민하고 있는 엄마라면 이 방법을 써보세요.

전집이 좋은
세 가지 이유

흔히들 아이가 읽을 책은 스스로 고르게 하는 게 낫다고 합니다. 부모와 함께 서점에 가 마음에 드는 책을 고르면 누가 뭐라 하지 않아도 읽게 되어 있습니다. 또, 책을 한 번에 많이 구입하는 건 좋지 않다고 합니다. 책의 양에 기가 눌려 아이가 읽을 엄두를 내지 못한다고요.

아이가 읽을 책을 그때그때 필요에 따라 한 권씩, 두 권씩 사 모으는 재미는 분명히 있습니다. 그리고 자기가 좋아하는 책을 아이에게 선택하게 하는 것도 바람직하고요.

하지만 저는 전집 구입을 선호했습니다. 위의 방법도 맞겠지만 저는 전집을 구입하는 것이 세 가지 측면에서 훨씬 유리하다고 생각했기 때문이지요.

일단 책의 편식을 막을 수 있어요. 아이에게 직접 책을 고르게 하면 아이는 본인이 좋아하는 것만 고르게 되어 있습니다. 흥미가 없는 책에는 관심도 보이지 않죠. 골고루 음식을 먹어야 영양의 균형을 맞출 수 있듯 책도 그렇습니다. 전집을 구입하면 아이가 흥미를 느끼지 못하는 책도 읽게 할 수가 있지요. 우리 송이의 경우엔 아무리 책이 많아도 처음엔 흥미가 있는 책만 읽었습니다. 자기가 재미있다고 여긴 책은 반복해서 읽기도 했지요. 하지만 더 이상 읽을거리가 없을 땐 관심을 보이지 않던 책에도 손이 가기 시작했습니다.

두 번째는 엄마가 알지 못했던 아이의 새로운 흥미를 발견할 수 있습니다. 우리 송이는 로봇이나 화학, 에너지 등의 과학 분야에 관심이 없는 줄 알았습니다. 저뿐만 아니라 다른 가족들도 그렇게 여겼지요. 그런데 어느 날부터 과학 분야의 책을 집중해서 읽기 시작하더군요. 그때 우리 송이가 이러한 분야에도 관심을 가지고 있다는 걸 알게 되었습니다.

세 번째는 아이 스스로가 자신의 관심을 발견하고 찾아낼 수 있습니다. 이제까지 몰라서 관심이 없었지만 책을 통해서 관심을 가지게 되기도 합니다. 송이는 인체의 신비를 읽고는 그에 대한 깊은 관심을 보이기 시작했습니다.

전집의 장점 세 가지를 정리하면 다음과 같습니다.

1. 아이가 골고루 책을 보게 됩니다. 아이의 독서 편식을 막을 수 있습니다.

2. 엄마가 몰랐던 아이의 새로운 흥미를 발견하게 됩니다. 이는 아이의 취향을 발전시킬 수 있는 밑바탕이 될 수도 있지요.

3. 아이 스스로 관심사를 확장시킬 수가 있습니다. 많은 아이들이 장래 희

망을 '의사' '교사' '연예인' 등 별반 다르지 않게 말하는 것도 정보가 부족
하기 때문입니다. 관심사가 넓어지면 장래 희망도 훨씬 더 다양하게 생각
할 수 있겠지요.

텔레비전이나 인터넷의
교육 프로그램을 활용해요

아이들의 교육에서 텔레비전이나 인터넷이 좋지 않은 건 그것만 보고 그것만 하려 하기 때문입니다. 한번 빠져들면 쉽게 빠져나오지 못하지요. 그렇다고 아이들에게 유용한 교육 프로그램이 많은 이 매체들을 언제까지 외면만 할 수는 없지요. 사실, 잘만 활용하면 아이들의 학습에 큰 도움이 될 수 있다고 저는 생각했습니다.

'어떻게 해야 송이에게 도움이 될 수 있을까.'

텔레비전 시청 시간부터 유용한 프로그램 선택까지 정말 많은 고민을 했습니다. 자칫 잘못하다 송이가 교육 프로그램은 보지 않고 어른들이 보는 드라마나 오락 프로그램에 빠질 위험이 있으니까요. 그리고 유용한 프로그램은 또 어찌나 많은지 일일이 다 찾아볼 수는 없고 송이에게 맞는 프로그램을 몇 개만 간추려 정해야 했습니다.

송이가 무작위로 텔레비전을 시청하거나 컴퓨터를 하는 건 오히려 독이 될 수도 있기에 저 나름대로 계획을 짜보았습니다.

1. 송이가 볼 프로그램을 정한 후에 계획표 작성하기

1) 매주 계획을 세우지 않으면 그때그때 생각나는 대로 프로그램을 찾게 되지요. 잊어버리지 않고 찾아 보기 위해 계획표를 작성했습니다.

예) 송이의 일주일 프로그램

매일	일	월	화	수	목	금	토
KBS 어린이 프로그램	동화나라, 성경동화 www. buki. co.kr	재미나라 www. jaemi nara. co.kr	littlefox www. littlefox. co.kr	ORT (옥스퍼드 리딩트리) www. inbooks. co.kr	The Sunshine www. inbooks. co.kr	I love stories —EBS 교육방송	동화나라 www. buki. co.kr

2) 계획표는 예쁜 색지에 쓴 후 컴퓨터 위에 붙여둡니다. 그날 할 일을 매일 확인하기 위해서죠.

2. 프로그램 선정 이유

♥ KBS 어린이 프로그램

정규 방송 안에는 아이들이 집 안팎에서 생활할 때 필요한 요소들이 잘 정리되어 있습니다. 사실 송이는 양치질, 손 씻기, 세안 등 어린이에게 필요한 생활 습관을 KBS의 어린이 프로그램을 보면서 간접적으로 경험했습니다. 다른 방송국의 어린이 프로그램도 있지만 우리가 계속 봐왔던 거라 KBS 정규 방송의 어린이 프로그램으로 정했습니다.

♥ 부키의 동화나라 www.buki.co.kr

이곳에는 송이가 좋아하는 한글 동화가 많이 있었습니다. 송이가 가장 좋아하는 동화인 〈까마귀〉〈민들레 씨앗〉 등을 보면서 저도 같이 소리를 내기도 하지요. 송이는 할머니의 반응을 즐깁니다.

재미있는 동화 외에도 색칠 놀이, 간단한 게임, 프린트 가능한 그림을 무료로 이용할 수 있는 특징이 있어요.

♥ 재미나라 www.jaeminara.co.kr

'한솔 스타트'를 시작하면서 이용한 사이트입니다.

여기에는 한글나라, 수학나라, 한글 글자 프린트(무료)등 아이의 교육에 활용할 수 있는 것들이 많이 있어요.

♥ little fox www.littlefox.co.kr

송이가 제일 좋아하는 사이트입니다. 이 사이트의 장점은 이어 듣기가 가능하다는 것입니다. 동화나 노래를 세 가지에서 다섯 가지 종류로 섞어 이어 듣기를 해놓으면 계속 클릭하지 않아도 노래를 들을 수가 있습니다. 저는 송이랑 음악이 나오면 춤을 추면서 노래를 불러요. 송이는 할머니가 춤을 추는 것도 좋아합니다. 그리고 게임, 색칠 놀이 등도 있어요.

♥ ORT(옥스포드 리딩트리) www.inbooks.co.kr

우리 송이가 생후 37개월부터 공부하기 시작한 사이트입니다. 영어권 아이가 아니어도 영어를 쉽게 익힐 수 있도록 난이도가 잘 나누어져 있습니다.

♥ Sunshine www.inbooks.co.kr

동영상을 통해 재미있게 영어를 배울 수 있는 멀티미디어 프로그램입니다. 각 단계마다 다양한 실제 상황(Activities)을 포함하고 있고 스토리북마다 특징을 지니고 있습니다.

♥ I love stories (EBS 교육방송)

영어 동화(전래 동화, 창작 동화, 세계적으로 유명한 명작 동화)를 듣기 훈련으로 정기적으로 보여줄 수 있는 프로그램입니다.

아이가
책을 친구로 삼게 하는 법

♥ 거실을 도서관으로 만들어보세요

아이가 책을 가까이 하길 원한다면 먼저 집안 환경부터 바꾸는 것이 좋습니다. 일단 거실을 도서관처럼 꾸며 보아요. 생활 공간인 거실에서 시작된 시각적 효과는 아이들에게 책이 항상 옆에 있는 것임을 인식시켜 줍니다. 몸이 멀어지면 마음도 멀어진다는 말이 있습니다. 책도 마찬가지입니다.

♥ 부모부터 책을 읽는 모습을 보여요

백문이 불여일견(百聞而 不如一見)이라는 말이 있습니다. 아무리 여러 번 들어도 실제로 한 번 보는 것보다 못하다는 뜻이지요. 아이가 책 읽기를 바라는 부모라면 백 마디의 말보다 자신부터 먼저 독서하는 모습을 보여주는 것이 아이에게 더 설득력이 있을 것입니다.

♥ 아이가 읽은 책은 부모도 읽어보세요

독서는 집중력이나 사고력 향상에도 도움이 되지만 세상에 대한 이해력을 높이고 타인의 고통에 공감대를 형성하는 감성을 키우는 데에도 중요한 역할을 합니다. 또, 아이가 이제껏 보지 못한 세상이나 알지 못했던 것들을 간접적으로나마 경험하게 만드는 효능도 있습니다. 따라서 독서를 시작한 아이들은 자기가 읽은 책에 대해 많은 말을 하고 싶어 합니다. 몰랐던 것은 더 알고 싶어지고, 알게 된 것은 알게 되었다고 말하고 싶어 하지요. 또, 책 속의 등장인물들에 대해서도 많은 말을 하지요. 그런데 부모가 그 내용을 모르고 있으면 아이는 몇 번 말하다 말아버립니다. 자신과 함께 공감하고 소통할 사람이 필요하지만 그런 사람을 가까이에서 찾지 못하게 되는 거지요. 반면, 부모가 책의 내용을 알고 있어서 아이의 말을 이해하고 동조하면 아이는 자신의 상상력과 사고를 밖으로 끄집어낼 겁니다. 아이가 읽은 책을 부모가 읽을 때 그것은 그냥 그렇고 그런 책이 아닙니다. 그건 아이와 함께 넓은 세상으로 나가는 통로이지요.

책 구입에 돈이 많이 든다고요?

불경기일 때에도 아동 용품은 잘 팔린다고 합니다. 어른들이 쓰는 걸 줄이더라도 아이에겐 다 해주고 싶은 부모의 마음이 반영된 결과이겠지요. 특히 아이가 읽을 책은 주머니 사정을 고려하며 아끼기가 힘이 듭니다. 저도 그랬습니다. 아이들을 키울 때 책 한 권이라도 더 사주기 위해 화장품 외판 일을 하기도 했지요. 지금은 저뿐만 아니라 남편의 용돈도 고스란히 우리 송이의 책 구매에 쓰고 있습니다. 부모는 제 자식이 먹는 모습만 봐도 배가 부르다고 합니다. 독서도 마찬가지입니다. 송이가 책을 읽는 모습만 봐도 뿌듯하고 행복감이 밀려옵니다. 할 수만 있다면 세상의 모든 책을 송이에게 사주고 싶은 마음이지요.

하지만 책값이 만만치 않은 게 또 현실이기도 합니다.

송이가 초등학교를 들어가기 전에는 책 구입에 경제적인 부담을 그다지 많이 느끼지 않았습니다. 하지만 초등학교 입학 후엔 송이의 독서량이 많아졌고 학교에서 추천하는 책들까지 구입하다 보니 정말 만만치가 않았습니다. 더군다나 저는 아이들의 독서 습관을 결정짓는 가장 중요한 시기가 초등학교 1학년 즈음이라고 생각합니다. 이때 가지게 되는 독서 습관이 아이의 인생 전반에 영향을 미칠 수도 있을 만큼 중요합니다. 그래서 송이의 독서에 더 많은 신경을 쓸 수밖에 없었습니다.

그렇다고 마음이 가는 대로 책을 구입할 수도 없는 노릇이었죠. 그런데 바꿔 생각해보면 독서를 위해 꼭 책을 구입할 필요도 없습니다. 형편이 여의치 않아도 아이에게 책을 보여주는 방법은 얼마든지 있습니다.

일단 집 주변의 도서관을 활용하는 게 첫 번째 방법입니다. 요즘은 각 구마다 도서관이 있으니 산책 삼아 가서 아이가 읽을 만한 책을 빌려옵니다. 그리고 집 주변의 동화책 대여점을 이용하는 것도 한 방법입니다.

하지만 '책을 빌리는 것보다 구입해서 읽히고 싶다'라는 생각을 좀체 지울 수 없다면 중고책에 눈을 돌려보세요. 저도 인터넷 중고 서점을 종종 활용했습니다. '알라딘'이나 '예스24'같은 대형 인터넷 서점에서도 중고 서적들을 많이 팔지만 아동용 도서만 파는 인터넷 서점을 활용하는 것도 한 방법입니다.

제가 주로 책을 구입한 사이트는 아래와 같습니다.

　중고 인터넷 사이트에서 책을 구입하면 때때로 재래시장에서 경험할 법한 덤 같은 것을 얻을 때도 있습니다. 마음씨 좋은 주인장이 책을 몇 권 더 얹어주기도 하거든요.

　사실 아이가 책을 읽지 않는 게 문제이지 책을 구하는 일이 뭐가 문제이겠습니까. 각 구의 도서관이나 학교 도서관에서는 무료로, 책 대여점에서는 소정의 비용을 지불하고 빌릴 수도 있는 걸요. 게다가 요즘 활성화되어 있는 인터넷 중고 서점에서 싼 가격에 좋은 책을 구할 수도 있으니 '없어서 읽지 못한다'는 말은 예전 책이 귀했던 시대에나 할 수 있는 말이겠지요.

01 | 북 스타트 운동

1992년 영국에서는 북 스타트 운동을 출범시켰습니다. 북 스타트 단체에서는 태어난 지 8개월이 되는 아이들에게 그림책 두 권을 보내 부모와 함께 읽도록 했고 그 아이가 걷기 시작하면 또 두 권을 보내주었습니다. 세 살이 되는 해와 초등학교 입학 시에도 각 두 권을 주기적으로 보내 아이들이 독서를 하도록 유도했습니다.

이후 10여 년의 기간을 연구한 결과 북 스타트에서 책을 받은 아이들이 그렇지 않은 아이들에 비해 훨씬 더 책을 좋아하는 어른으로 성장한 것을 알게 되었습니다. 또한 어려서부터 책을 가까이 한 아이들이 어른이 되어서도 꾸준히 독서를 한다는 것과 독서에 취미를 붙인 아이들일수록 집중력이 높으며 언어 습득이 빠르고 창의력이 뛰어나다는 것을 증명해냈습니다.

현재 영국에서는 북 스타트 운동이 전 지역으로 확산되어 대부분의 아이가 책을 선물로 받고 있다고 합니다. 지금은 한국에서도 '북 스타트 코리아'라는 이름으로 지역사회 문화 운동 프로그램을 시행하고 있습니다. 아이들에게 책을 보내는 것뿐 아니라 4주에서 6주 프로그램을 짜 독후 활동을 도와주기도 한답니다. 북 스타트는 아기들의 정기 예방접종 시기에 해당 지역 도서관이나 보건소, 동사무소 등에서 그림책이 든 가방을 선물하고 있습니다. 영국처럼 전국적으로 시행하는 것은 아니지만 많은 지역에서 북 스타트를 도입하고 있습니다. 자신이 살고 있는 지역에서 북 스타트 프로그램이 있다면 한번 활용해보는 것도 큰 도움이 될 것입니다.

북 스타트 코리아 www.bookstart.org

02 파주 어린이 책 잔치

해마다 5월 파주출판도시에서는 어린이 책 잔치를 개최하고 있습니다. 책 잔치에서는 파주출판도시를 둘러볼 수 있는 '출판도시 둘레길 체험'이나 어린이들의 글쓰기 역량을 키우는 '출판도시 어린이 백일장' 등과 같은 다양한 프로그램이 마련되어 있습니다. 또한 수많은 종류의 책을 직접 보고 그 자리에서 읽을 수도 있고 구입할 수도 있습니다. 아이들에게 책과 관련된 다양한 체험을 주고 싶다면 행사 홈페이지에서 일정을 살펴보고 참여해보는 것이 어떨까요?

파주 어린이 책 잔치 www.pajubfc.org

8

할머니도
영어를
가르칠 수 있어요

나는 못해도
아이를 가르치는 건 문제없어요

저는 영어를 잘하는 할머니가 아닙니다. 송이에게 영어를 가르치겠다고 결심했을 때 '내가 영어를 잘하니 한번 가르쳐보자'라는 생각이 아니었습니다. 아이들 영어 정도는 할 수 있지 않을까, 정 못하면 교재나 테이프, 방문 선생님의 힘을 빌려야겠다는 생각을 한 거죠. 하지만 막상 가르치려니 기본적인 단어조차 읽지 못했고 발음은 더 가관이었습니다.

'내가 영어를 잘하는 할머니면 좋겠다.'

자연스럽게 아쉬움이 밀려왔습니다. 하지만 저는 용기를 냈지요. 내가 못한다고 송이를 가르치지 못하는 건 아니라고요. 원래 현역에서 뛰는 운동선수보다 코치가 더 운동을 잘하는 건 아닙니다. 코치는 운동선수가 자신의 역량을 발휘할 수 있게 환경을 조성해주고 기술을 전수해주고 마음을 다독여주죠. 저는 송이에게 영어를 가르치는 선생님이 아니라 송이가 영어를 배울 수 있도록 환경을 조성해주는 코치였습니다. 그런데 좋은 코치가 되기 위해서 기본기는 잘 다지고 싶었습니다.

어떻게 하는 게 좋을까?

고민이 많이 되었습니다. 그냥 영어 테이프를 틀어준다면 몸은 편할 겁니다. 하지만 저는 송이에게 직접 영어 동화를 들려주고 싶은 욕심에 영어 테이프를 반복해서 듣고 모르는 단어는 열심히 사전을 찾았습니다. 특히 발음에 주의를 기울였죠. 아이들은 어른들의 발음을 그대로 따라하기 때문에 올바르게 발음할 필요가 있었습니다. 송이랑 하루 종일 놀다가 송이가 자는 시간을 이용해 영어 공부를 하는 제 모습을 보고 다른 가족들은 감탄했습니다. 아이를 가르치기 위해 공부하는 할머니라니, 다른 이들이 보기엔 놀랄 만한 일이긴 했습니다. 전 송이에게 해줄 수 있는 것만 생각했죠.

'이왕 하는 거 정말 제대로 해보자. 내 목소리로 송이에게 영어 동화를 읽어주자.'

그리고 이런 생각도 들었습니다.

'우리 송이 덕분에 공부하는 즐거움을 다시 한번 누리는구나.'

마치 여고 시절로 돌아간 기분이었습니다. 영어 사전을 펼치고 밤새 공부하는 게 힘들지 않고 행복하기까지 했습니다.

하지만 아무리 공부를 해도 끝이 없고, 머리에 잘 들어오지도 않았습니다. 어느새 말문이 트인 송이는 영어로 대화하고 싶어 하는데 그런 송이와 몇 마디 영어로 대화를 하면 앞이 캄캄해지는 상황이었죠.

'도대체 어떻게 더 진도를 나가야 하나? 정말 이쯤에서 영어 공부는

그만두고 한글 책만 열심히 읽어줄까?'

순간순간 감당이 되지 않아 몹시 고민이 되었습니다. 좀 더 젊었더라면 좋았을 것이라는 생각도 들더군요. 그랬더라면 한글보다 영어를 더 좋아하는 아이에게 정말 큰 도움을 줄 수 있을지도 모르겠습니다. 하지만 선생님이 꼭 할머니여야 하는 법은 없었습니다. 송이가 오히려 저의 발음을 수정도 해주고 틀린 문장을 고쳐주기도 하더군요. 한번은 친구에게 이 같은 이야기를 한 적이 있었습니다. 저는 송이가 얼마나 기특한지 자랑하기 위해서 말한 것인데 친구는 이렇게 되물었습니다.

"기분 나쁘지 않았어?"

순간 깜짝 놀랐습니다. 아니, 왜 기분이 나빠야 하지? 친구가 왜 그런 말을 했는지 잘 이해가 되지 않아 물었습니다. 그러자 친구가 이렇게 답하더군요.

"애가 어른한테 지적한 거잖아."

"아!"

그제야 저는 다른 사람들은 이렇게 생각할 수도 있겠구나 하는 걸 알았습니다. 아마 손주를 키우는 할머니들 중엔 이 같은 경험을 종종 할 수도 있고, 그럴 때 기분 나쁠 수도 있겠구나, 하는 생각이 뒤늦게 들었습니다. 생각해보면 그러한 감정을 전혀 느끼지 못하는 제가 이상한 것일 수도 있습니다.

하지만 세 사람만 길을 걸어도 그중에 한 사람은 스승이라고 하지요. 남녀노소를 불문하고 배울 것이 있으면 그 사람이 바로 스승이 되는 겁니다. 나이가 많다고 무조건 가르쳐야 하고 나이가 적다고 무조건 가르침을 받아야 하는 것은 아니지요. 그런 측면에서 보자면 저와 송이는 서로에게 스승이고 제자입니다. 어린아이에게 배우는 것이 부끄러운 것이 아니라 모르는 것을 인정하지 않는 것이 부끄러운 일이라는 게 제 생각입니다.

흔히들 가르치면서 배운다고 하지요. 송이도 그랬습니다. 할미니를 가르쳐주면서 자기도 모르게 복습이 되는 것 같았습니다. 그리고 영어 책을 읽다 모르는 것이 나와 송이에게 물어보면 아이는 마치 선생님이 된 것 같은 기분이 드는지 굉장히 즐거워합니다. 그렇게 송이와 영어 공부를 하니 문득 깨달은 것이 있습니다.

'내가 잘할 수 없는 것에 연연하지 말자. 송이가 열심히 영어를 공부할 수 있는 환경을 만들어주는 것만으로도 족하다.'

정말 중요한 건 할머니나 엄마의 영어 실력이 아니라 아이가 영어를 즐겁게 접할 수 있는 환경을 만들어주는 것입니다. 그러니 영어를 못한다고 두려워할 필요는 없습니다. 내가 못하는 거지 아이가 못하게 되는 건 아니니까요.

할머니와 엄마를 위한
영어 교육 가이드

01 | 처음 영어를 가르칠 때

♥ 새 책을 구입하면 저는 제가 모르는 단어부터 찾아 그 옆에 발음 기호를 적었습니다. 제가 먼저 테이프를 따라 읽어본 후에 송이에게 읽어줍니다.

♥ 보드북으로 된 책을 보여주고 함께 구입한 테이프를 들려주었습니다.

♥ 아이가 잠들기 전에는 영어 동화를, 낮에 놀 때는 영어 노래를 들려주었습니다.

♥ 사물의 이름을 물을 때도 우리말뿐만 아니라 영어도 함께 가르쳐주었습니다.

02 | 송이의 영어를 가르치는 데 도움이 된 책

♥ 〈'영어'하면 기죽는 엄마를 위한 자신만만 유아영어〉

송이가 생후 4개월쯤 되었을 때 서점에 들렀다가 이 책을 구입하게 되었습니다. 그때는 컴퓨터도 없어서 이 책의 저자가 추천한 것 위주로 책을 구입하는 계획을 세웠습니다.

♥ 〈영어 비디오로 쑥쑥 크는 자신만만 유아영어〉

아이와 함께 비디오를 보면서 활용할 수 있는 예문을 잘 정리해두었습니다.

♥ 〈Hello 베이비 Hi 맘〉

생활 회화로 되어 있어요. 책에서 모르는 단어가 나오면 모두 찾아서 기록하고 테이프를 반복해 들었습니다.

♥ 〈Let's Play 베이비 OK 맘〉

게임할 때 사용하는 용어와 대화가 상세하게 설명되어 있습니다. 이 책도 단어를 다 찾아두어 책만 펼치면 읽을 수 있도록 해두었습니다.

03 | 영어 공부에 참고했던 사이트

♥ http://www.edubox.com

생활 영어가 잘 정리되어 있습니다.

♥ http://www.ikidari.co.kr

무료 회원제로 누구나 부담 없이 활용할 수 있는 사이트입니다. 〈Learn To Read〉, 〈Science StoryBook〉에 대한 학습 정보가 잘 정리되어 있습니다.

♥ http://www.inbooks.co.kr

ORT에 대한 학습 정보가 정리되어 있습니다. 유료 회원제로 2년에 2만원의 회비를 내야 합니다. 책 구입 시에 회원 할인 해택이 더 많이 주어집니다.

영어 환경,
이렇게 만들었어요

제가 생각하는 영어 환경은 엄마가 아이를 이끌어주는 것을 의미하지 않습니다. 이끌어준다는 것은 영어가 능숙한 엄마가 아이가 잘하도록 앞에서 이끌어주는 것을 말하죠. 하지만 저는 영어가 능숙하지 않았기에 송이와 함께 공부하면서 호흡을 맞추어가는 것을 '영어 환경 만들기'로 생각했습니다.

'우리 아이 영어 환경 만들기'를 준비하는 시기는 3세에서 4세가 적당합니다. 저는 송이가 생후 30개월이 되었을 때부터 영어 테이프를 들려주었습니다. 하루 종일 영어 테이프만 틀면 영어 소리에 무감각해질 수 있습니다. 그래서 전 아이의 정서에 도움이 되는 베토벤, 모차르트 등의 클래식을 들려주다 한 번씩 영어 동화 테이프를 들려주었죠.

아이는 잘 놀다가도 영어 소리가 들리면 그 소리에 집중했습니다. 처음엔 그냥 듣기만 하더군요. 그러던 어느 날, 영어도 아니고 우리말도 아닌 이상한 말로 옹알이를 하기 시작했습니다. 그동안 들었던 소리를 그대로 흉내 내는 것이었습니다. 그리고 이때의 아이들은 표현의 욕구가 생긴다고 하더군요. 클래식 음악 중간 중간에 영어 테이프를 틀었을 뿐 아니라, 자기 전날과 다음 날 아침에도 영어 테이프를 틀어주었죠. 그렇게 몇 달이 지났습니다. 송이가 영어 테이프의 발음을 정확하게 따라하더군요. 사실 영어 테이프를 계속 틀어주고 있었지만 아이가 그 소리를 듣고 있는지 아닌지에 대한 확신은 없었습니다. 그런데 지난 몇 달 동안 송이는 영어 테이프에 귀를 기울이고 있었다는 걸 확연히 알게 되었습니다. 그리고 생후 46개월이 지나서는 자연스럽게 영어로 표현하기 시작했습니다.

아이들이 모국어를 자연스럽게 배우는 건 어른들의 말소리를 듣고 그것을 그대로 흉내 내기 때문이라고 합니다. 어른들의 말소리, 사물들이 움직이며 내는 소리 등등에 귀를 기울이게 되어 있지요. 태어난 지 얼마 되지 않아 모든 것에 무지하기만 한 아이는 눈으로 보고 소리를 듣는 것으로 점차 세상에 대해 알아갑니다.

영아 때 듣는 영어 테이프는 그런 측면에서 유용했습니다. 아이가 스스로 귀를 열고 스스로 흉내를 내도록 유도하는 것이죠. 모국어를 배우듯 자연스럽게 영어를 배우면 나중에 좀 더 자라도 영어 공부가 그렇게 힘들지 않습니다.

송이가 영어를 말하기 시작한 후에 저는 좀 더 바빠졌습니다. 글자 밥상 놀이나 글자 김밥 놀이 등을 통해 송이에게 영어 단어를 가르쳤습니다. 단어 놀이를 해주면서도 영어 테이프를 틀어주는 건 잊지 않았고요.

영어 테이프 대신 제 발음으로 영어를 들려주었다면 큰일 날 뻔했습니다. 제 발음을 흉내 내었다면 송이의 발음이 경상도 억양이 섞인 한국식 영어 발음이 되어버렸을 테니까요.

송이에게 영어 테이프를 들려줄 때 정한 규칙은 이렇습니다.

1. 해석해주지 않았습니다

영어를 우리말로 해석해주기 시작하면 아이가 영어를 바로 인지하지 못합니다. 한글을 통해서 머리로 들어가기 때문에 한 박자 늦어지는 거죠. 만약 우리말을 충분히 잘 알고 있는 초등학생이라면 해석을 해주는 게 이해를 빠르게 하는 방법일 수도 있습니다. 하지만 유아들은 우리말도 그림책을 보고 습득하는 단계이기 때문에, 해석을 해주기보다는 우리말을 배우듯 스스로 습득하게 도와주는 것이 좋습니다.

어른이 생각할 때는 아이가 영어를 알아들을까 싶을 겁니다. 하지만 제가 경험해보니 송이는 느낌으로 영어의 뜻을 알아갈 뿐 아니라 비디오, 책, 컴퓨터 등을 통해 스스로 짜 맞추기를 하며 해석을 했습니다. 그러한 과정이 정말 놀랍게 느껴졌습니다.

2. 아이들에게는 영어의 숨은 소리가 들립니다

어린아이의 뇌 속은 정말 하얀 도화지인가 봅니다. 그림은 보는 대로 소리는 듣는 대로 입력이 되니까요. 언젠가 아기들의 뇌는 배우는 모든 것을 다 빨아들이는 스펀지와 같다는 말을 들은 적이 있습니다. 송이를 보면 이 말이 맞는 것 같습니다.

예를 들어 영어 테이프를 틀었을 때 저에겐 전혀 들리지 않는 영어 발음이 송이에겐 들리는 것을 알고 놀랐던 적이 있습니다. 영어 발음이 들릴 뿐 아니라 그걸 또 따라 흥얼거리기까지 하니까요.

3. 아이에게 영어 테이프를 들려주는 것을 70퍼센트, 직접 읽어주는 것은 30퍼센트로 잡았습니다

아이가 좀 더 좋은 발음을 습득하기 위해서는 영어 테이프를 많이 활용하는 것이 좋습니다.

4. 노래로 많이 들려주었습니다

아기들은 운율이 있는 문장일수록 쉽게 기억합니다.

5. 학습지는 하지 않았습니다

동화책 내용을 그림과 글자를 따로 준비해서 맞춰 읽어주거나 게임을 하는 것이 아이의 흥미를 훨씬 더 끌 수 있습니다. 학습은 그것만으로 충분했습니다. 하지만 이렇게 놀아준 것은 36개월이 지난 후였습니다. 그 전에는 영어 테이프를 반복해서 틀어주었지요.

6. 동화책만 충분하게 들려주고 읽어주었습니다

아직 받아들일 준비가 되어 있지 않은 아이에게 어려운 책을 들이대면 '싫어'라는 말부터 듣게 될 겁니다. 일단 아이가 재미있어하고 흥미로워하는 이야기가 있는 책만 선정하는 게 좋습니다.

아기는 개월에 따라 언어를 받아들이는 능력이 다릅니다. 천편일률적으로 언어 학습을 시키는 것은 오히려 흥미를 떨어트리는 일이지요. 아기의 개월별 특징을 이해하고 그에 맞는 학습법이 필요합니다.

1. 신생아~6개월: 의미 있는 소리를 내기 이전에 소리를 흉내 내는 옹알이를 하기 시작해 모음에서 쉬운 자음으로 소리를 내는 시기입니다.

2. 7개월~12개월 : 아주 간단한 말은 동작이나 표정으로 의사를 나타내기도 합니다. 의미는 없어도 혼자 옹알이로 이야기하면서 몸의 움직임이 많아지며 언어보다는 울음으로 의사를 많이 표현하는 시기입니다.

3. 13개월~18개월 : 성장이 빠른 아기들은 말을 알아듣고 단어로 말을 하기도 합니다. 또한 주장이 강해지고 좋고 싫음에 대한 표현이 분명해집니다. 원하는 것을 가리키면서 의사 표현을 하기도 합니다.

4. 19개월~24개월 : 동작을 지시하는 문장에 적절하게 반응하고 서너 개의 단어를 연결해 문장을 만들기도 합니다. 어휘력이 증가해서 엄마 아빠를 놀라게 만들기도 하며, 가족과의 상호작용이 시작되어 언어를 스펀지처럼 받아들이는 시기입니다. 이때 집에서 많은 대화를 나누기 시작하면 다른 아이들보다 말을 하는 속도가 빨라집니다.

01 학습이나 공부가 아니라 놀이로 접근하세요. '영어를 가르쳐야지'라는 생각보다 '아이랑 놀아줘야지' 하는 생각으로 아이가 즐길 수 있도록 재미있게 놀아주는 것이 좋아요. 즐겁게 놀다보면 지능 개발은 저절로 된답니다.

02 동화책을 읽어준다는 생각 대신 즐기도록 도와주자는 목표를 가지세요. 책 속에 있는 문장들은 책을 읽는 아이의 것이 되도록 반복해서 말해주세요.

03 아이의 영어 실력이 빨리 늘지 않는다고 닦달하지 말아주세요. 아이의 입장에서 이해하고, 다른 아이와 비교하지 않는 것이 중요하답니다.

04 목표를 멀리 잡으세요. 몇 달이나 1년 정도 아이가 영어 학습을 했는데도 영어 실력이 오르지 않는다고 고민하지 마세요. 천천히 하더라도 영어 환경을 5년만 만들어주세요. 물론 꽤 긴 시간이고, 그 시간 동안 노력하는 게 쉬운 일은 아니죠. 하지만 우리 아이가 영어를 잘하는 아이가 되기 위해서는 엄마의 노력이 필요하답니다. 다만, 조급하게 생각하지 마시고 목표를 좀 더 멀리 둔다면 어느 날엔가 자연스럽게 영어를 모국어처럼 구사하는 아이를 놀라운 눈으로 지켜보게 될 겁니다.

아이에게 필요한 영어책,
이렇게 골랐어요

아이가 읽을 적당한 영어책을 고르는 일도 만만치 않습니다. 시중에는 정말 많은 종류의 책들이 다양하게 나와 있으니까요. 이 책이 좋을까, 저 책이 좋을까, 구입할 책은 한정되어 있는데 눈에 띄는 책은 또 얼마나 많은지요.

아이들은 연령마다 책을 접하는 자세가 다릅니다. 저는 송이의 책을 고를 때 연령에 따라 몇 가지 기준점을 두었습니다.

전 연령

그림이 복잡하지 않은 책을 선택했습니다.

아이들은 그림으로 상황을 파악하고 이해합니다. 따라서 되도록 단순하면서도 이야기를 잘 표현한 그림이 있는 책을 선택하는 것이 좋습니다.

이 시기에는 많이 들려주고 많이 보여주는 것이 좋습니다. 2세 미만의 아기들은 주로 울음소리로 배고픔, 놀람, 불편함 등의 의사를 표현하지요. 수동적으로 반응하는 이 시기에는 양육자가 얼마나 많은 언어를 들려주는가, 아기가 얼마나 빨리 반응해주느냐에 따라 언어능력이 달라집니다.

♥ 〈Brown Bear, Brown Bear, What Do You See?〉

유아들은 책을 잘 찢기 때문에 두꺼운 재질로 된 보드북이 좋습니다. 이 책은 송이가 제일 처음 본 영어 책이었습니다. 보드북으로 되어 있어 잘 찢어지지 않습니다. 이 책을 처음 구입했을 때 저는 'Brown'이나 'Bear'도 몰라서 발음기호를 찾아 적어두었습니다.

이 책은 아이가 차를 타고 가며 창문 밖으로 보이는 사물들을 물어보면 답을 해주는 구성으로 되어 있습니다.

♥ 〈The Very Hungry Caterpillar〉

아이들이 작은 손가락을 넣어서 놀 수 있도록 그림에다 구멍을 뚫어두었습니다. 송이는 그림 속에 손가락을 집어넣으며 노는 것을 꽤 재미있어 했습니다.

♥ 〈Spot 플랩북 시리즈〉

유아들의 듣기 단계에서는 사운드가 짧고 그것이 반복되면서 쉽게

따라 할 수 있는 것을 선택하는 게 좋습니다. 페이퍼북도 있는데 보드
북보다 책이 더 크답니다. 아이들이 쉽게 따라 할 수 있도록 구성되어
있습니다.

🦆 3~4세

♥ 이 시기에 많이 보여준 그림책은 글자를 몰라도 송이 혼자서 읽기
를 즐겼습니다. 또한, 이때는 아무 물건이나 무조건 빠는 시기가 지났고
소근육도 발달되어 플랩북(들쳐보는 책)과 같은 입체북으로 책을 가까이
하면서 책에 대한 관심을 가지게 됩니다. 그리고 같은 그림을 찾는 즐거
움을 느끼는 시기이기 때문에 CD와 함께 책을 보여주면서 동영상에서
보이는 그림을 찾아보게 하는 것도 좋은 방법입니다.

♥ 유아 때부터 꾸준히 영어를 접한 아이들은 무리 없이 책읽기를 진
행합니다. 하지만 이 시기부터 영어를 접하는 아이들은 이미 모국어가
자리 잡혀 있기에 거부반응을 보일 수도 있지요. 그런데 일반적으로 이
시기에 유아 영어를 시작하려는 엄마들이 가장 많습니다. 영어를 자연
스럽게 접할 수 있는 시기를 놓쳐버린 아이는 엄마의 노력에도 불구하
고 '싫다'라고 자신의 의사를 표현하기도 합니다.

♥ 이 시기는 아이들의 집중력이 짧아 책 한 페이지에 머무르는 시간
은 불과 몇 초밖에 되지 않습니다. 또한 문장 하나만 보고도 페이지 전체
를 봤다고 여기고 다음 페이지로 넘기기도 합니다. "왜 다 읽지 않니?"라
고 할 것이 아니라 아이가 요구하는 대로 페이지를 넘겨주는 것이 좋습
니다.

이 시기부터는 ORT 단계 공부에 돌입했습니다. ORT는 '옥스퍼드 리딩 트리'로 영국 옥스퍼드 대학 출판부에서 유아와 초등학생들을 위해 만든 영어 교육 교재입니다. 영국에서는 80퍼센트의 아이들이 이 교재를 통해 교육을 받는다고 합니다. 각 교재마다 이야기가 재미있게 연결되어 있어 영어 공부가 지루하지 않아요.

아이가 25개월일 경우엔 시디롬이 포함된 책을 권하고 싶네요. 어른인 제가 보기에는 그림이 별로 예쁘지 않은데 송이는 책 속의 주인공인 키퍼 가족을 무척 좋아했습니다. 그 가족들의 이야기가 궁금해서라도 그 다음 이야기를 읽고 싶어 했고요.

ORT는 한솔에서 나온 책과 수입책이 있습니다. 한솔은 시제가 현재로 미국식 발음이지만, 수입ORT는 시제가 과거로 영국식입니다. ORT만 보여주는 것이 아니기 때문에 발음에 대해서는 그리 염려 안 하셔도 될 것 같습니다.

송이의 경우에도 별로 문제가 되지 않았어요. 나중에는 스스로 영국식 발음과 미국식 발음을 구분해서 듣게 됩니다. 엄마가 너무 걱정하고 신경 쓰는 게 더 문제입니다.

굳이 단계별로 듣지 않아도 되지만 가능하면 1단계부터 보여주는 것도 괜찮을 겁니다. 저는 수입ORT를 선택했지만 한솔에서 나오는 ORT의 테이프는 우리말 해석이 함께 있다고 하더군요. 유아 때는 해석이 필요치 않으니 권하고 싶지 않습니다. 우리말을 완전히 습득한 아이들에게는 한글 해석이 있는 한솔ORT가 유익할 수도 있을 것 같습니다.

아이들의 수준에 따라 조금씩 다르긴 하지만 ORT는 연령별에 따라 단계가 나뉘어져 있습니다.

- 3세에서 4세까지 : 1단계와 2단계
- 5세부터 취학 전까지 : 3단계~5단계
- 초등학교 과정 : 6단계~9단계

우리 아이를 위한 영어 책, 어떤 것이 좋을까요?

01 | **그림만으로도 유추해낼 수 있는 책이 좋습니다**

아이는 책을 읽을 수는 없지만 그림을 보고 어떤 이야기인지 유추해낼 수 있는 능력이 있답니다. 그림이 단순하면서도 선명해 이야기를 만들어낼 수 있는 책이 좋아요. 그림으로 이해할 수 있기 때문에 해석이 필요 없거든요.

02 | **그림을 보고 상상할 수 있는 책이 좋습니다**

책의 그림을 보면서 아이가 다음 페이지를 넘기기 전에 미리 다음 장의 내용을 상상할 수 있는 책이 좋아요. 호기심을 자극하여 아이의 관심과 흥미를 유발하고 아이가 책을 좋아하게 만드는 요인이 된답니다.

03 | **CD나 테이프가 함께 있는 책이 좋습니다**

엄마가 발음이 좋지 않아도 아이는 CD나 테이프에서 들은 원어민의 소리를 듣고 발음을 익혀 스스로 교정한답니다. 대신 엄마는 한글 동화책을 많이 읽어주세요.

0세 ~ 2세

〈Where's Spot?〉 Eric Hill 지음

이 책은 얼룩무늬가 있는 강아지의 이야기를 재미있게 보여주고 있어요. 100여 개 이상의 나라에서 번역되었을 정도로 인기 있는 동화책입니다. 시리즈물로 되어 있습니다.

〈Five Little Monkeys Jumping on the Bed〉 Eileen Christelow 지음

아이들이 쉽게 따라 할 수 있는 챈트(구호)가 아주 신나는 책입니다.

〈Whose Baby Am I?〉 John Butler 지음

여러 아기 동물들이 예쁜 그림으로 그려져 있는 그림책입니다. 문장이 단순하고 리듬감이 있어 따라 읽기가 좋아요.

〈Brown Bear, Brown Bear, What Do You See?〉 Bill Martin Jr. 지음, Eric Carle 그림

세계적인 동화작가 에릭 칼의 그림 세계를 엿볼 수 있는 책입니다. 색깔과 모양, 동물들을 익힐 수 있어요. 구멍이 뚫린 곳으로 아이와 까꿍 놀이를 하며 함께 즐길 수 있습니다.

〈**From Head to Toe**〉 Eric Carle 지음

코끼리나 물개 등의 동물들이 자신을 소개하고 한 가지씩 재주를 보여줍니다.
각 페이지마다 반복되는 질문과 답변이 있어 신체 부위를 쉽게 익힐 수 있어요.

〈**Polar Bear, Polar Bear, What Do You Hear?**〉 Bill Martin Jr. 지음, Eric Carle 그림

동물들의 특징을 보여주는 그림책입니다. 세트로 들어있는 CD에서 각 동물
의 소리를 들을 수 있어요. 아마존에서 판매하는 에릭 칼 사운드 북은 책에 버
튼이 있어 각 버튼을 누르면 동물들의 소리가 나옵니다.

〈**Papa, Please Get the Moon for Me**〉 Eric Carle 지음

딸을 사랑하는 아빠의 마음과 달을 갖고 싶어 하는 아이의 마음이 잘 표현된
책입니다. 중간에 삽화가 팝업북처럼 펼칠 수 있게 되어 아이가 재미있어합
니다.

〈**The Very Hungry Caterpillar**〉 Eric Carle 지음

이 책을 읽으면 20개 이상의 단어를 습득할 수 있습니다. 책에 나온 단어들에
해당하는 실물을 직접 보여주고 작은 구멍에 손가락을 넣어보게 하면서 재미
있게 놀 수 있습니다.

〈**Who Stole the Cookies from the Cookie Jar?**〉 Jane Manning 지음

책 속 그림의 과자 단자의 뚜껑을 위로 당기면 'Who me? Yes, you! Couldn't

be! Then Who?'가 반복해서 쓰여 있어요. 그 그림 뒤에는 과자가 하나씩 없어져 있지요. 아이들의 호기심을 자극할 뿐 아니라 숫자를 세는 데에도 도움이 됩니다.

〈Rain〉 Robert Kalan 지음

빗줄기의 모양이 영어 Rain으로 되어 있어요. 아기들이 재미있어해요.

2세~4세

〈We're Going on a Bear Hunt〉 Michael Rosen 지음, Helen Oxenbury 그림

오디오로 배우는 영어 동화책입니다. 오디오로 책의 내용을 듣고, 읽고 노래도 부를 수 있어서 아이들이 재미있어합니다. 곰 사냥을 떠난 가족들의 이야기예요.

〈Today is Monday〉 Eric Carle 지음

각 요일에 따라 동물들이 좋아하는 음식을 소개하고 있습니다. 월요일에는 고슴도치가 초록색 콩을 먹고, 화요일에는 뱀이 스파게티를 먹는 식이죠. 요일과 동물, 음식의 이름을 쉽고 재미있게 알 수 있어요.

〈The Great Big Enormous Turnip〉 Alexei Tolstoy 지음

굉장히 큰 순무를 온 가족들이 협동해 뽑아내는 이야기예요. 이야기와 그림

이 유머러스해 아이들이 깔깔 웃으며 영어 공부를 할 수 있어요.

〈I'm The Biggest Thing in the Ocean〉 Kevin Sherry 지음

바다 속 여기저기를 돌아다니는 오징어를 통해 바다 생물들을 만날 수가 있어요. 그림이 화사하고 표현이 쉬워 아이들이 흥미로워 합니다. 그림만 보고도 내용을 다 파악할 수 있어요. 또 유익한 표현이 많아 공부에도 많은 도움이 됩니다.

〈Tomorrow's Alphabet〉 George Shannon, Donald Crews 지음

아이들이 재미있게 알파벳 찾기 놀이를 즐길 수 있는 그림책입니다. 알파벳과 그 알파벳이 사용된 단어를 쉽고 재미있게 익힐 수 있어요. 또한 각 단어에 맞는 그림이 실감나게 표현되어 있어 아이들의 상상력 자극에도 좋아요.

〈The Mitten〉 Jan Brett 지음

우크라이나의 옛 이야기를 토대로 한 동화책이에요. 수많은 동물들이 나와 동물의 이름을 자연스럽게 암기할 수 있어요. 비슷한 형태의 다양한 동사가 많아 동사를 익히는 데에도 도움이 됩니다.

〈Over in the Meadow〉 Michael Evans 지음

동화 속에 나오는 동물들의 이름과 개수를 세는 훈련을 할 수 있어요. 또한 동물들을 통해 윙크 같은 행동 특징을 배울 수도 있고 동물의 다양한 소리를 들을 수도 있어요.

〈Color Farm〉 Lois Ehlert 지음

각종 도형을 이용해서 농장의 동물을 보여줍니다. 정사각형, 직사각형, 원, 하트, 마름모, 팔각형 등의 도형을 이용해 오리, 닭, 개, 거위 등의 모양을 만들 수 있어요. 아이가 도형을 통해 동물 만드는 걸 아주 많이 재미있어합니다.

〈The Farmer in the dell〉 Pam Adams 지음

노래를 부르며 책을 볼 수 있어요. 작은 골짜기에 있는 농장의 농부 이야기입니다. 노래 가사에 맞는 이야기가 들어 있어요.

영어 학습 도구는
다양해요

길을 찾으면 방법이 보인다고 하죠? 송이에게 영어를 가르치기 시작한 후로 늘 어떻게 해야 가장 좋은지 길을 찾았습니다. 그러다 보니 자연스럽게 이런저런 방법들이 눈에 띄기 시작하더군요. 영어 테이프, 영어 책, 영어 카드뿐 아니라 다양한 학습 도구를 활용해 영어를 가르칠 수 있다는 걸 알게 되었습니다. 텔레비전, 비디오, 컴퓨터를 잘 활용하면 송이의 영어 공부에 정말 도움이 되겠더라고요. 특히 유아 영어 방송이나 영어 동화를 읽어주는 사이트의 활용은 정말 유익했습니다. 비용에 부담이 없으면서도 다양하고 많은 학습 자료들을 접할 수 있답니다.

1. 유아 영어 방송

♥ 주로 일상생활의 회화를 배울 수 있는 것을 선택했습니다.

♥ 재미있게 영어 공부를 할 수 있도록 노래가 많이 나오는 프로그램을 선택했습니다.

♥ 영어 방송 프로그램을 볼 때는 저도 늘 송이와 함께 봤습니다. 방송이 끝난 후에도 그날 방송에서 나온 대화를 송이와 함께 나누기 위해서였죠. 방금 전 방송에서 본 영어 대화를 서로 주고받다 보니 학습 효과가 두 배로 커지는 것 같았습니다.

2. 인터넷

송이가 두 돌이 지날 무렵에 컴퓨터를 가지게 되었습니다. 그리고 이때부터 저는 영어 학습에 유용한 정보를 인터넷을 통해 찾고 활용했습니다.

♥ 재미나라

한솔교육의 신기한 영어나라를 시작하면서 처음 접한 사이트입니다. 이곳엔 영어나라뿐 아니라 한글나라와 수학나라도 있어 다양한 학습을 할 수 있습니다.

♥ Little Fox

송이가 가장 좋아하는 사이트입니다. 특히 동화를 보거나 노래를 들을 때 한꺼번에 서너 가지를 연달아 이어 들을 수 있어 편리합니다. 노래도 따라 부르고 춤도 추면서 신나게 즐길 수 있는 그야말로 인터넷 놀이터입니다.

3. 인터넷 사이트를 활용해 무료로 영어 동화 듣기

현재 많은 인터넷 사이트들이 영어 동화를 무료로 보여주는 서비스를 하고 있습니다. 아이가 네 살 정도 되면 조금만 연습해도 혼자서 마우스를 움직여 클릭도 할 수 있으므로 영어 동화 사이트를 통해 다양한 동화를 원어민의 발음으로 들을 수 있습니다. 그렇다고 해서 아이 혼자 동화를 보게 하지는 마세요. 부모가 옆에서 같이 영어 동화를 선택하고 마우스를 움직이는 것을 도와주면서, 함께 영어 동화를 읽는 것이 좋습니다. 영어 동화를 무료로 볼 수 있는 인터넷 사이트를 소개할게요.

♥ 쥬니어네이버 영어스쿨 http://study.jr.naver.com/english

약 100여 편의 영어 동화를 인기 순위별로 볼 수 있어요. 동화를 클릭 후 우측 버튼에 '크게 보기'를 클릭하면 모니터 화면 가득 그림을 크게 하여 볼 수 있습니다. '부모가이드' 게시판이 따로 있어 각 아이에게 맞는 학습법을 찾아볼 수 있는 장점이 있습니다.

♥ 잉글리쉬포크 http://englishfork.com

약 16편의 영어 동화를 보고 들을 수 있습니다. 영어와 한글을 동시에 볼 수 있도록 만들어져 부모가 아이에게 먼저 이야기해줄 때 유용해요.

♥ Daum 키즈짱 http://infant.kids.daum.net/book

사이트에 접속 후 '잼잼동화 〉영어 동화'로 들어가면 150편이 넘는 영어 동화를 볼 수 있습니다. 한글 자막, 영어 자막 등 아이의 영어 학습

수준에 맞춰 자막을 선택할 수 있고 원하는 구간을 반복해서 볼 수도 있습니다.

♥ 프리 잉글리쉬 사이트 http://www.freeenglish.co.kr
약 500여 개의 다양한 영어 동화를 볼 수 있는 것이 장점이지만, 해외 사이트와 링크되어 있거나, 그래픽이나 오디오가 별로인 것도 많아 부모가 먼저 확인한 후 아이에게 필요한 동화만 추리는 것이 좋습니다.

아이의 능력을
과소평가하지 마세요

처음에 저는 송이가 영어 비디오를 보고도 별 다른 발전이 없어 보여 '이건 아니가'라고 살짝 의심했답니다. 그런데 부모는 영어 프로그램이나 비디오를 보면서 글자를 보지만 아이는 그림과 영상을 보면서 소리로 듣고 상황을 인지한다고 합니다. 이것이 어른과 아이의 습득 방법의 차이지요. 어느 정도 시간이 지나니 송이는 비디오에서 들리는 소리로 상황을 이해하고 또 은연중에 들었던 언어들을 상황에 따라 자유자재로 사용하고 있더군요. 영어 비디오를 보면서도 빨리 말을 하지 않았던 이유는 언어를 입력시키고 자신의 것으로 만드는 시간이 필요했기 때문이었습니다. 반복해 듣다보면 어느 사이엔가 아이가 자신의 언어로 자유롭게 말할 때가 온다는 것을 알게 되었지요.

그러니 시간이 걸리더라도 아이를 기다려주세요. 당장 아이가 영어를 하지 못한다고 실망하거나 아이를 닦달하지 마세요. 엄마들이 할 일은 그저 기다리고 또 기다리는 일뿐입니다.

영어가 더 쉬운 아이의
한글 공부 극복기

🦆 영어 공부로 등한시했던 한글 공부 극복기 1

송이는 한글 책을 읽다가도 글이 좀 많다 싶으면 "할머니. 우리 이 책 읽어요" 하면서 영어 책을 들고 옵니다. 한글보다는 영어가 더 익숙해진 거죠.

저는 이런 상황이 걱정이 되기는 했지만 조바심을 내지는 않았습니다. 아이가 좀 더 자라면 자연스럽게 한글을 익힐 기회는 훨씬 더 많아질 테니까요. 어린이집이나 학교에 가면 어차피 한글을 많이 사용하게 될 것이라 생각하고 있었죠. 그런데 송이가 두 돌이 지날 무렵에도 우리말을 배우는 게 늦어지는 상황이 발생했습니다. 게다가 송이는 집에서 인형 놀이를 할 때뿐 아니라 친구들하고 놀 때 한글과 영어를 섞어 사용하는 바람에 친구들이 송이의 말을 알아듣지 못하기도 했습니다. 그런데

다행히도 송이는 친구들과 어울려 놀 때는 우리말만 사용해야 한다는 걸 금세 알아차리더군요.

이런저런 상황을 우려한 송이 엄마와 송이 아빠는 송이가 우리말을 완전히 익힌 후에 영어를 공부시키자는 의견을 냈습니다. 다른 아이들에 비해 우리말을 늦게 배우는 게 여간 걱정이 아니었나 봅니다. 그래서 일단 송이를 어린이집에 보내기로 했습니다.

송이의 실력은 또래 아이들이 알아듣는 우리말 수준에 미치지 못했습니다. 이중 언어로 인한 언어 장애가 아닌지 많이 걱정이 되었습니다. 선생님께 도움을 요청하기도 하고 집에서는 한글 테이프와 한글 동화를 꾸준히 들려주었습니다. 그렇다고 영어 테이프 듣기를 등한시하지는 않았습니다. 아이들은 영어랑 한글을 같이 배워도 둘 다 습득을 할 수 있다고 믿었기 때문입니다. 다만 인내심을 가지고 아이 스스로 터득하기를 천천히 기다리면 됩니다.

이러한 믿음은 곧 현실이 되었습니다.

어린이집에 간 지 3개월쯤 지나니 선생님께서 말씀하시는 것도 알아듣고 친구들과도 우리말로 잘 놀게 되었습니다.

🦆 영어 공부로 등한시했던 한글 공부 극복기 2

송이가 생후 50개월이 되었을 때입니다. 송이의 우리말 실력도 함께 성장시키기 위해 '통합 학습'을 시작했습니다. 또, 영어 공부를 좀 더 심도 깊게 하기 위해서 '재미나라 매직'을 함께 공부시켰지요. 두 가지를 동시에 하면서 아이의 반응을 살폈습니다. 그리고 그것을 정리해보았지요.

그동안엔 송이가 읽고 싶은 책의 제목을 말하면 읽어주었다. 그런데 어제는 한글나라의 책을 펼치더니 손가락으로 자기가 알고 싶어 하는 글을 짚었다. 그것을 읽어주면 송이는 그림을 몹시 꼼꼼하고 세밀하게 봤다. 그런 다음에야 다음 장을 넘기는 것이 반복되었다. 그림을 볼 때의 송이는 마치 자기 혼자만의 세계로 들어가는 듯했다.

아무래도 문제가 있어 보여 한 달간 송이의 통합 학습을 도운 방문 선생님에게 송이의 수업 상황을 물어보았습니다. 그러자 선생님은 조심스럽게 "우리 말 표현이 또래보다 많이 늦어요"라고 말문을 열었습니다. 선생님이 송이에 대해 아래와 같이 정리해주셨습니다.

1. 우리말 표현이 안 될 때는 영어를 사용합니다. 송이는 우리말보다 영어로 표현하는 것을 원하는 느낌을 많이 받았습니다.
2. 그림을 보면서 이야기를 전개하면 송이는 우리말 표현이 안 돼 영어로 표현합니다. 우리말로 표현할 수 있도록 할머니께서 도와주세요.
3. 영어가 생활권이 아닌 곳에서 아이가 영어만 즐겨 쓰면 다른 아이와 어울려 노는 데 문제가 생깁니다. 자기의 생각이 언어로 잘 표현이 되지 않으니 말을 잘 안 하게 되지요. 그렇게 되면 자기 혼자만의 세상으로 들어가게 됩니다.
4. 제가 수업의 진행을 평균 70~80퍼센트로 잡았을 때 송이는 50퍼센트 내외를 이해하고 있습니다.
5. 이러한 상황을 변화시키기 위해서는 우리말과 표현을 충분히 공부한 후

에 다시 영어를 공부하도록 해야 합니다.
6. 송이는 창의성이 많이 발달되어 있습니다. 그 창의성을 언어로 표현할 수 있게 할머니께서 많이 신경을 써주세요.

이상과 같은 내용이었습니다. 그렇지 않아도 송이가 그림책을 볼 때 비슷한 느낌을 받은 터라 가족회의를 열었습니다.

가족들은 모두 송이의 창의성 발달에 만족했습니다. 평소에도 송이는 영어든 한글이든 "왜?" "why?"의 질문이 많은 아이였습니다. 질문이 많은 건 호기심과 지적 욕구도 많은 것이기에 그 또한 만족했습니다. 하지만 우리말 표현이 서툰 것은 아무래도 걱정이었죠. 가족들은 송이가 우리말로도 충분히 자신의 생각을 표현할 수 있게 협력하기로 했습니다. 테이프, 책, 인터넷 등의 학습용 프로그램뿐만 아니라 송이와 우리말로 대화를 많이 하도록 노력했지요. 그런 노력의 결과로 송이는 영어뿐 아니라 우리말도 잘 구사하게 되었습니다.

결과적으로 송이는 영어를 먼저 익힌 뒤 우리말을 배우게 되었는데 지금 생각해보면 이 같은 순서가 과연 옳은 일이었는지 아주 많이 고민했습니다. 저는 어떤 아이든 간에 모국어부터 잘해야 한다고 생각합니다. 우리나라에 살면서 우리말은 잘 못하면서 외국어만 잘하는 이상한 일이 또 어디 있겠습니까. 많은 사람들과 소통하고 살기 위해서는 제대로 된 모국어부터 구사할 수 있어야 합니다. 한글 교육을 소홀히 하고 극단적으로 영어 교육만 한다면 아이의 성장에도 부정적인 영향을 미칠 뿐입니다.

때문에 저는 경험상 이렇게 말씀드리고 싶습니다. 영어 교육을 하되 한글 교육을 절대로 등한시해서는 안 된다고요. 항상 균형을 잡는 것이 어려운 일이기는 하지만 언어 교육에서는 엄마의 균형 감각이 꼭 필요합니다. 한글과 영어를 아이가 조화롭게 받아들일 수 있도록 주의를 기울여주세요.

영어 교육 이전에 한글 교육

송이는 모국어보다 영어에 흥미를 느껴 영어를 더 잘하는 아이로 성장했습니다. 뒤늦게 한글 교육에 집중해 좀 늦긴 했으나 지금은 한글도 잘 구사하는 아이가 되었지요. 하지만 송이를 통한 경험은 일종의 타산지석이 되었습니다. 만약 두 번째 손주를 보게 된다면 처음부터 한글 교육에 더 많은 관심을 기울여야겠다고 다짐했지요.

요즘은 세계화 시대답게 많은 부모들이 자녀들의 영어 교육에 사활을 걸다시피 합니다. 아이가 언어를 습득하는 시기에 영어를 교육시키면 좋은 발음을 구사할 수 있고 나중에 크게 고생하지 않고도 영어를 습득할 수 있다고 생각하는 부모도 많습니다. 따라서 우리말을 뒷전으로 미루고 영어 교육부터 시키는 경우가 허다하지요. 뒤늦게 알게 된 사실이지만 한국어를 잘하는 아이가 영어도 잘한다고 합니다. 모국어보다 영어부터 습득한 아이들은 나중에 한국어를 배울 때 영어를 잊게 되는 경우가 많다더군요. 아이에게 이중 언어를 습득하게 하고 싶다면 모국어와 영어를 함께 습득시키는 것이 좋습니다. 한글학회에서는 한국어를 정확하게 발음하는 사람이 영어도 정확하게 발음할 수 있다는 연구 결과를 발표한 바 있습니다. 우리말의 모음 발음을 잘하지 못하면 영어의 모음 발음도 잘 되지 않는다고 합니다.

아이들이 말을 배우는 이유는 소통을 하기 위해서입니다. 우리나라에서 학교를 다녀야 하고 우리나라 사람들과 어울려 살아야 하는 아이가 우리말을 못한다면 학교 수업을 따라가기 힘들 뿐 아니라 친구들과 관계를 맺지 못하는 외톨이가 될 수밖에 없겠지요.

세계화 시대에서 영어는 필수적으로 습득해야 하는 언어가 되어버렸습니다. 하지만 제 아무리 세계화 시대라고 해도 우리가 발붙이고 사는 땅에서 사람들과 소통하는 언어는 모국어입니다. 모국어는 잘 모르고 영어만 잘하는 아이로 키우기보다는 모국어와 영어를 둘 다 잘하는 아이로 키우는 것이 더 좋지 않을까요? 그렇게 하기 위해서는 아이가 말을 배우는 시기에 영어보다는 모국어에 더 많은 흥미를 가질 수 있도록 관심을 유도하는 부모의 노력이 필요합니다.

지혜로운 엄마,
지혜로운 할머니

그동안 사랑하는 아이들을 위해 별로 한 것이 없다고 후회하지는 않았습니까? 또는 아이를 학원에만 맡겨두고 안주하지는 않았나요?

아이에겐 엄마의 손길이 필요합니다. 옷을 입거나 음식을 먹는 것뿐만 아니라 학습에도 말이지요. 하지만 많은 엄마들이 자신은 전문가가 아니니 아이의 학습은 유치원이나 학교, 학원 등에서 선생님이 지도하는 것이 좋다고 생각합니다. 그런데 아이가 초등학교 고학년만 되어도 엄마는 느끼는 것이 있습니다. 사실 아이가 더 어렸을 때부터 엄마가 학습을 도와야 했다는 것을요.

그때 후회해도 소용이 없습니다. 60 평생 살아온 저는 그것을 알기에 안타까울 뿐입니다. 하지만 늦었다고 생각할 때가 가장 빠른 때라는 말이 있듯, 그렇게 상심할 필요는 없습니다.

언제나 지금부터 시작입니다. 엄마의 손에 쥐어진 종이 한 장, 엄마의 가위질 한 번, 이런 엄마의 작은 노력이 훗날엔 아주 큰 것을 이룰 수 있습니다.

엄마라면 누구나 할 수 있습니다. 작심삼일로 끝내지만 않으면요. 조금만 더 멀리 내다보고 엄마의 힘으로 아이를 좀 더 나은 사람으로 성장시킬 수 있다는 확신을 가지고 있다면요.

아이는 또 다른 나의 분신입니다. 하지만 아이는 엄마가 표현하지 않으면 사랑을 느끼지 못합니다. 상대방이 느끼지 못하는 사랑은 먼지처럼 쉽게 날아가버리지요.

저는 송이에게 할머니가 얼마나 많이 송이를 사랑하는지 느끼게 하고 싶었습니다. 아이를 인격적으로 모독하는 일이 있을까 봐, 아이가 돌이킬 수 없는 말에 상처를 받을까 봐 화가 나도 참는 때가 훨씬 많았지요. 화를 낸다는 건 아이가 정말 잘못해서이기도 하지만 어른인 제 기준에 맞지 않아서이기도 합니다. 아이의 기준에서는 어른이 화를 내는 이유를 알지 못할 때도 있지요.

아이에게 더 큰 것을 주기 위해서 지혜로운 엄마가 되고 싶었습니다. 지혜로운 엄마는 화가 나도, 욱하는 마음이 들어도, 때로는 미칠 것 같은 상황에서도 속으로 울음을 삼킵니다. 지혜로운 엄마는 온갖 어려운 상황이 닥쳐도, 몹시 슬퍼서 모든 것을 내려놓고 싶을 때도 내 아이를 생각하며 참아냅니다. 지혜로운 엄마는 내 아이가 성장할 때까지 인내하며 좋은 성품과 인격을 유산으로 물려주고자 노력합니다. 지혜로운 엄마는 아이가 멋진 사람으로 커가도록, 아름다운 삶을 영위하도록 지켜보고

도와주면서 행복감을 느낍니다.

남편이 도와주지 않는다고요? 혹은 가족들이 너무 무관심하다고요? 그래도 인내해야 하는 것이 엄마의 자리지요. 하지만 가족들의 무관심을 그대로 방치해서도 안 됩니다. 다른 가족에 비해 엄마가 더 많은 희생을 할 수밖에 없는 현실이어도 엄마는 가족들에게 당당히 요구해야 합니다. 한 사람의 일방적인 희생으로는 절대 아이에게 좋은 교육을 시킬 수 없다는 걸요. 자신이나 아이를 위해서라도 다른 가족들이 방관하지 않고 좀 더 적극적으로 참여할 수 있게 유도하는 것이 지혜로운 엄마입니다.

지혜로운 엄마는 엄마 중심의 교육이 아니라 아이 중심의 교육을 해 나갑니다. 지혜로운 엄마는 아이에게 모든 것을 맞추고, 아이의 마음을 이해하려 노력하고, 아이의 눈높이에서 생각해야 합니다. 아이의 실수에 "괜찮아, 실수해도 괜찮아"라고 한없이 너그러워야 하지만, 잘못했을 때는 단호하게 혼낸 뒤 안아주기도 해야 하지요. 그리고 지혜로운 엄마는 자신의 기분이 내키는 대로 하지 않습니다.

세월은 참 빠르답니다. 그리고 세상은 빠르게 움직이지요.

착한 마음으로 살려고 해도 내 뜻대로 되지 않는 것이 세상살이이기도 합니다. 하지만 저는 손녀를 키우며 이전에 괴로웠거나 힘들었던 많은 일들을 잊을 수가 있었습니다. 손녀 송이는 제게 그런 존재입니다.

지금 아이를 키우느라 고군분투하는 할머니들, 그리고 어머니들.

당장은 힘들 때도 있을 것이고, 내 뜻대로 되지 않은 아이에게 화가 나거나 실망할 때도 있을 겁니다. 하지만 아이로 인해 즐겁거나 행복한 때

는 훨씬 더 많겠지요. 앞으로 아이가 자라면 그럴 때가 더 많다는 것을
믿고 힘차게 장거리를 달려봅시다.

훗날 아이들을 키웠던 그 시간들이 내 인생에서 가장 멋진 인생의 여
정이었다고 말해보자고요.

2013년 겨울

김신숙

할머니의 꽤 괜찮은 육아

초판 1쇄 인쇄 2013년 11월 26일 초판 1쇄 발행 2013년 12월 6일

지은이 김신숙 펴낸이 연준혁
기획 신미희

출판6분사분사장 이진영
편집장 정낙정
편집 박지수 박지숙 최아영
디자인 강경신
제작 이재승

펴낸곳 (주)위즈덤하우스 출판등록 2000년 5월 23일 제13-1071호
주소 경기도 고양시 일산동구 장항동 846번지 센트럴프라자 6층
전화 031)936-4000 팩스 031)903-3893
홈페이지 www.wisdomhouse.co.kr 전자우편 wisdom6@wisdomhouse.co.kr
종이 월드페이퍼 인쇄·제본 현문 후가공 이지앤비

값 13,000원   ISBN 978-89-91731-76-9   13590